天下文化
BELIEVE IN READING

科學文化 205A

# THE PLEASURE OF FINDING THINGS OUT

The Best Short Works of Richard P. Feynman

# 費曼的主張

誠實・獨立思考・不知為不知

By Richard P. Feynman

費曼 —— 著

吳程遠、師明睿、尹萍、王碧 —— 譯

序

# 我的偶像

戴森

英國伊莉莎白一世女王時代，有一位著名戲劇作家班・強生（Ben Jonson, 1572-1637）曾經寫道：「我愛此人之甚，幾如崇拜偶像。」句中「此人」乃指強生之益友兼良師莎士比亞（William Shakespeare, 1564-1616）先生，即大名鼎鼎之莎翁是也。強生與莎翁是同時期的成名劇作家，強生以博學多聞、極富學者氣質見稱，而莎翁則粗枝大葉、卻天才橫溢，雖各擅勝場而竟惺惺相惜。

莎翁年長強生九歲，在強生開始寫作劇本之前，倫敦的劇場已是莎翁名著演出的天下。根據強生的描述，莎翁「秉性誠懇、開放、崇尚自由」，打開始就對強生這位年輕後進深具好感，不吝傾力指導，且處處獎掖有加。莎翁對強生一生最大的一次幫助，乃是莎翁本人不惜粉墨登場，一五九八年為強生所寫的第一部戲碼《人皆幽默》（*Every Man in His Humour*）首演時擔綱要角。該劇演出竟一炮而紅，賣座鼎盛、佳評如潮，從此奠定了強生在戲劇界的崇高地位。

當時強生年僅二十五，莎翁則年三十四歲。一五九八年以還，強生繼續努力從事詩歌與劇本之寫作，他所寫就的戲劇作品，經常交由莎翁的劇團演出。強生後來著作等身，成為一代著名詩人及學者，身後葬進西敏寺（Westminster Abbey），得以與英國歷代有頭有臉的人物為伴。不過在他有生之年，從未忘懷這位忘年友人的恩澤，當莎翁歸隱道山之際，強生為他寫了一首悼念詩，標題是「以是懷念我所敬愛之導師，莎士比亞」，其中包括以下名句：

他不僅屬於這一個時代，他將永垂不朽。

雖然你未能擅長拉丁文，更甭提希臘文，
如今為要榮耀你，我不必遍尋合適詞藻，
只求呼喚古希臘名振遐邇的悲劇作家們：
埃斯奇勒斯、尤里匹迪斯、索佛克利士……
起死回生，來聽你在戲台上走路的聲音。

大自然顯然甚得意於他的巧思跟創作，

以致樂於替他在字裡行間錦上添花……
然我不能讓大自然搶去你的全部光彩，
我寬厚的莎士比亞啊，你必須分享一些，
因為雖則大自然是詩人不可缺少的背景，
詩人的巧藝創造並帶給人們風尚，而那
能夠寫下名言的人，少不得要絞盡腦汁……
詩人之美好作品，得來不易，猶如產子。

## 我愛此人之甚，幾如崇拜偶像

你一定會奇怪，班・強生和莎翁的故事跟費曼有啥關係？答案很簡單，我正好可以套用強生的名句：「我愛此人之甚，幾如崇拜偶像。」

命運給了我天大的眷顧，得到費曼的親炙啟發。我年輕時在家鄉英國完成了大學教育，正如當年的強生，在旁人眼中，也是個博學強記、一副學者的模樣。一九四七年，我橫跨重洋，來到位於美國紐約州的康乃爾大學，由而一頭栽進了粗枝大葉的天才費曼的門牆。當時年輕氣盛的我，不自量力的決定要充當現代強生，把費曼當作我的莎翁。

當然，來美國之前我從未夢想過，我會在美國土地上遇到一個莎士比亞，但是當我見到他時，卻毫無困難的認出他來。

在我遇到費曼之前，我曾發表過數篇數學論文，內容老實說全是一些中看不中用的花拳繡腿。當我遇到費曼時，我馬上就知道我闖入了另一個世界。費曼對發表裝飾用的論文毫無興趣，他當時正在孜孜不息的用功，比我以往見過的任何人都更用功。幹什麼呢？他在重新整頓全部物理學，以期能更進一步了解大自然的各項運作。他那次用功前後長達八年，在他還在惠勒（John Wheeler, 1911-2008）教授手下當研究生時，即已開始。

我有幸在他開始後的第七年才與他結識，因而沒讓我等得太久，就眼見到他終於完成這項漫長統合工作，發展出一套對大自然更合理的看法，這套看法他稱為「時空進路」（space-time approach）。而在一九四七年我首次見到他的時候，他這個看法尚只具雛形，內容仍然相當支離破碎，矛盾問題層出不窮。但是我才經接觸，內心即刻知道，最後的答案將非此莫屬。於是我把握住每次機會，仔細聆聽費曼談論此事的細枝末節，學習在他狂嘯的思潮內，載波沉浮而不被淹沒。他極愛發表談話，也似乎不嫌惡我這個傾聽者，所以我們一拍即合，成了一輩子的好朋友。

我在一年內，看費曼用圖形跟線條，逐步修正他描述自然的新方法，直到他把所有的片段連繫起來，牴觸的地方清除乾淨。然後用他的圖解當作指標，開始進行數值計算。他把實際數值代進公式，再拿得到的答案去跟實驗值做比較。在這個階段裡，他的進展迅速，若有神助，所有實驗值都跟他的計算數值一一吻合。於是一九四八年夏天，我們真是看到強生悼念詩裡的文句，在眼前實現：「大自然顯然甚得意於他的巧思跟創作，以致樂於替他在字裡行間錦上添花……」

在那一年內，在時時陪著費曼散步、聽他討論新方法的同時，我也拿了些許溫格（Julian Schwinger, 1918-1994）和朝永振一郎（Sin-Itiro Tomonaga, 1906-1979）兩位物理學家的論文來研究。這兩位使用較為傳統的方法，獲致了跟費曼所得類似的結果。許溫格和朝永振一郎雖然都達到了目標，卻分別使用了遠為麻煩跟複雜的計算方法，不像費曼的圖解法，可以讓結果直截了當顯現出來。許溫格和朝永振一郎沒有再造物理學，他們仍舊待在物理學舊有的窠臼裡，只是加入了一些新的數學方法，以便從物理中搾取數據。

當我看到他們各自的計算結果，跟費曼演繹出來的果然不謀而合時，我知道這是上天有意賜給我一個獨特的機會，去把這三個表面不同的理論聯繫起來。於是我寫了一篇論文，題目就叫〈朝永、許溫格及費曼各自的輻射理論〉（The Radiation Theories of Tomonaga, Schwinger and Feynman），論文主旨是解釋這三個理論雖然看似不一，骨子裡卻是同一件事情。我的論文發表在一九四九年的《物理評論》（*Physical Review*）期刊上，可算是我這輩子真正跨入學術門檻的第一步，也正猶如強生當年藉由《人皆幽默》一劇，打開他的一生事業一般。而我那年正好是二十五歲，跟強生當年的年齡完全一樣。而是年費曼三十一，比一五九八年的莎翁年輕了三歲。

我在論文中特別小心翼翼，平等對待涉及的三位主角，賦予他們同樣分量的尊嚴跟敬重。但是我心中明白，費曼是其中最偉大的一位。我那篇論文的主要目的，是要在世界各處的物理學家之間，宣揚費曼的諸多革命性觀念。當時費曼主動鼓勵我發表他的這些觀念，言詞之間從未埋怨過我的越俎代庖，搶了他的光芒。因此在我這齣人生戲劇裡，費曼正是獨一無二的主角。

## 既是天才，亦是丑角

當年我從英國漂洋過海首途美國時，身邊攜帶的數件長物之中，有一本威爾遜（J. Dover Wilson）寫的《莎翁本事》（*The Essential Shakespeare*）。該書是簡短的莎翁傳記，也是這篇序文中所引用的大部分強生文字的出處。威爾遜這本書既不是虛構小說，亦非純粹歷史，而係介乎兩者之間。它是根據強生和其他人士的第一手資料、極少數的歷史文件，然後加上威爾遜豐富的想像力，穿鑿附會的讓莎翁風采再現。其中最特別、也最為戲劇性的一幕，就是莎翁擔綱主角，演出強生處女作的故事。據稱書中此折，乃根據一份注明為一七〇九年的原始文件，年代離事情的發生已超過百年！不過我們知道莎翁生前不只以寫劇本著名，也曾是舞台上的一流演員。既然有威爾遜如是說，我找不出理由懷疑當時的情形並非這樣。

幸好，證明費曼生平往事和思想的文件，不似莎翁的那般難尋。你手上這本書就是一冊此種文件的集錦，其中大部分是費曼的演講錄音，間雜少數幾篇原始文字作品。這些文字均非官樣文章，對象是以普通老百姓為主，而非科學界同仁。從這些篇幅裡，我們看到費曼的真實面貌，雖然似乎永遠嬉戲於不同觀念之間，然而從不輕易放過他認為關鍵的三件事，那就是在誠實、獨立之外，還得有承認不知為不知的雅量。他厭惡世俗的階級制度，喜愛跟社會上各行各業人士交往，這點又依稀是莎翁的翻版，兩人都是天生的喜劇演員。

除了對科學有超凡的熱愛之外，費曼對開玩笑捉弄人，以及一般大眾嚮往的各種嗜好，也是胃口奇大。記得初次遇到他的一星期後，我寫了一封家書給住在英國的父母，描寫費曼為「半是天才，半是丑角」。在全力以赴貫注於研究自然律之餘，他也喜愛跟朋友一塊輕鬆休憩，打擊森巴鼓，用些惡作劇和說故事，跟周遭的人打成一片。在這方面，他又和莎翁非常神似。

在威爾遜的書中，引用了一段班・強生的敘述：

當他一開始寫作的時候，他會日以繼夜，不眠不休，決不讓自己有片刻懈怠，直到勞累暈倒亦不以為意。而在作品殺青之後，他會擱下筆沉迷於各種活動跟放縱之中，似乎再也不可能回到劇作上去。所以不論工作抑或遊樂，他都是專注其中，且愈來愈起勁，毫不牽掛其他事情。

這是強生眼中的莎翁，也正是我所愛戴的費曼寫照，我們各自的偶像！

注：本文作者戴森（Freeman J. Dyson, 1923-2020），二十九歲即成為美國普林斯頓高研院物理學教授，為量子電動力學第一代巨擘，但與諾貝爾獎擦肩而過。他一生優游數學、物理、核能工程、生命科學、天文學等領域，不僅是一位優秀的大科學家，更是一位關心人類命運、嚮往無限宇宙的睿智哲人。著有《全方位的無限》、《想像的未來》、自傳《宇宙波瀾》等書，中文版皆由天下文化出版。

編者的話

# 一盞智慧之燈

羅賓斯

不久前，我在哈佛大學古老的傑弗遜實驗室聽了一場演講，演講人是羅蘭研究所（Rowland Institute）的郝氏（Lene Hau）博士。她剛完成了一項實驗，實驗結果的報告不僅刊登到世界頂尖的科學期刊《自然》（*Nature*）上，而且還成了《紐約時報》的頭條新聞。在該項實驗裡面，她（以及她的研究小組中的學生和其他成員）把一束雷射光射向一種叫做玻色—愛因斯坦凝結（Bose-Einstein condensation）的新物質（此乃一種非常怪異的量子態，其中有一群原子，溫度降到幾乎等於絕對零度，以致其間一切運動都停止了下來；並且這群原子結合了起來，性格有如一個單獨的粒子），這束光在穿過這種物質時會減慢下來，慢條斯理到叫人難以置信的速率，每小時僅三十八英里。

我們知道，光在一般情況下，在真空中的速率是每秒一八六〇〇〇英里，也就是每小時高達六六九六〇〇〇〇〇〇英里。在它穿過任何介質，如空氣或玻璃之類的介質時，確實會慢下來，但是所減少的速率一般不大，通常還不到在真空中全速的百分之一。我們拿每小時三十八英里除以每小時六六九六〇〇〇〇〇英里，得到的商等於〇・〇〇〇〇〇〇〇六。也就是說，每小時三十八英里乃是光在真空中速率的百分之一的百萬分之六。這樣子的講法很難讓人明白它究竟慢下來了多少，我們換個說法：讓咱們想像伽利略當年做實驗，讓砲彈從比薩斜塔上落了下來。如果那枚砲彈的速率是以上述的比例減慢下來的話，我們在看到伽利略放手之後，還得等上兩年，那枚砲彈才終於落到地面上！

當我聽完這場演講時，已然目瞪口呆、狀若木雞。我相信即使愛因斯坦在世，聽了也必定動容。這是我這一輩子裡面，頭一遭感覺到一些些費曼所謂的「發現帶來的悸動」，那是突然升起的一種內在感覺，可能就類似所謂的「靈光乍現」吧（只是我在這件事裡，不過是代人興奮而已）！覺得掌握到一個奇妙的念頭：有某種全新的東西出現在這個世界上；覺得自己遇上了一個千載難逢的科學大關鍵、大時刻。其戲劇性或叫人為之振奮的程度，實不下於牛頓當年的感觸——也就是在他突然領悟到，使蘋果掉落的神祕力量，跟冥冥之中拉住月亮的那股無形之力，原本是同樣一回事（蘋果掉到牛頓頭上的故事，是後人穿鑿附會編出來的）；也不下於費曼當年探討光與物質的交互作用的性質時，克服了那膠著難纏的第一步，而發現一切順遂、豁然開朗的那種感覺。那光與物質交互作用的理論終於為他贏得諾貝爾獎。

坐在台下聽講，我幾乎覺得費曼就坐在我身後，並附耳向我小聲說：「你難道看不出來嗎？這就是為什麼科學家無怨無悔的做研究，為什麼我們會為著一丁點知識的長進，這麼拚命的努力以赴；為了尋求問題的答案，不惜犧牲睡眠時間；為了要了解下一步，而無畏於面對最陡峭的障礙，為什麼？為的就是能抵達那歡欣的最後片刻，享受那發現的樂趣。（原注）」費曼常向人說，他之所以搞物理，既不是為了名利，也不是為了得獎，只是為了興趣，為了能有發現一件世事運轉的道理之後，那種志得意滿的由衷欣喜。而這樂趣、這欣喜，就是使人繼續工作下去的最大原動力。

## 費曼之祕大集成

費曼遺留給我們的是他對科學的專注跟奉獻，包括其中的邏輯、其中的方法。他告誡我們不要接受任何教條的約束，且應無限制的容許任何人（包括我們自己）對事物質疑。費曼有一個堅定的信念，他不但相信，並且自己身體力行，那就是只要運用到科學的人不逃避責任，科學不只有趣，還將會給人類社會帶來無法估計的價值。而且費曼跟所有偉大的科學家一樣，極喜愛把自己研究自然律的心得，與其他科學家以及一般老百姓分享。

本書蒐集的費曼短篇，比起他的其他作品，更能清楚展示出他對追求知識的熱衷。這十三篇文章，除了一篇之外，全部在別的期刊雜誌上印行過。

想要了解所謂費曼之祕，最好的辦法就是閱讀這本書，因為此書對費曼曾經深思過的許多問題，有著最廣泛與迷人的探討。這裡面不只談物理問題（費曼被認為是世上最優秀的物理教師），還包括了宗教、哲學、所謂學術上的怯場、未來電腦的種種、由他領先開拓的奈米科技（nanotechnology，或稱毫微科技）、謙虛的美德、科學的趣味、科學與文明的未來，以及科學界新手應該如何觀察這個世界。另外也述及到，由於官僚系統所造成的死角，如何導致了挑戰者號太空梭的空難悲劇。這篇費曼撰寫的太空梭空難調查報告，不但上了報紙頭條，還使得「費曼」一夕之間成為美國家喻戶曉的名詞。

原注：另有一件若不是我一生中，也至少是在我的出版事業上，最使人振奮的事情，就是發現費曼在一九六三年，曾受邀到坐落於西雅圖的華盛頓大學，給了三場講演。那三篇講演內容長年遭到埋沒，從未以書面發表過。而由於我的發現，終於變成了《*The Meaning of It All*》一書（中文版為《這個不科學的年代！——費曼談科學精神的價值》），得與世人再度見面。我這發現與費曼所說的發現，意義上稍有差距，我的只是把某些人知道的東西重新發現出來，他的則是把所有人都不知道的東西發現出來，不過叫人高興的效果則無二致。

非常不平常的是，在這麼多時空互異的短篇裡面，幾乎沒有任何大幅重複的地方，僅極少處他引用了同樣的故事。為了省去讀者不必要的負擔，我擅自作主把重複的地方略去，代之以省略符號（……）。

費曼平日對英文應有的文法，非常馬虎不講究，這點我們可以清楚的從本書收錄的這些短篇中看出來。這些短篇多屬講演或專訪的現場錄音，其中不免俚俗口語充斥。不過為了保持費曼的特殊個人韻味，我仍然保留他那些不合文法的片語段落。只有在某些地方由於錄音品質出了狀況，使得字音或片語無法辨識，我才捉刀略作增刪，主要是讓文章能夠讀得下去。我的目標是希望最後出現在讀者眼前的篇幅，除了顧到可讀之外，儘量要讓費曼生前的音容笑貌，長存人間。

生前頻頻受人歡呼，身後被人推崇備至的費曼，至今仍然是美國各個行業老百姓心目中的一盞智慧之燈。我希望這本蒐集有他最好的談話、專訪以及文章的寶貴集子，能夠不負舊雨新知的期望，並繼續啟發和娛樂未來世代的費曼愛好者，欣賞他那獨特而多采多姿、喧鬧人間的性格。

所以當你展讀這本書時，請放鬆心情享受，偶爾不妨哈哈笑出聲來，學一兩個費曼的人生經驗，得到一些鼓舞。總之，來個設身處地，經歷一下這位不平凡人物從發現中獲得的樂趣吧！

## 誌謝

在此我想感謝費曼教授的子女，卡爾・費曼和蜜雪兒・費曼，分從美國東西兩岸一直給予我們慷慨的支持。謝謝在加州理工學院校史館工作的顧德斯坦（Judith Goodstein）博士、陸德（Bonnie Ludt）及歐文（Shelley Erwin），她們對本書內容所提供的關鍵性幫助，以及對我這個不速之客的多方禮遇。我還要特別謝謝戴森（Freeman Dyson）教授，為此書寫了一篇典雅且極富啟迪性的序文。

另外，此書之終能出版，還得感謝葛瑞賓（John Gribbin）、海伊（Tony Hey）、傑克遜（Melanie Jackson）以及萊登（Ralph Leighton），他們提供了許多的寶貴意見。

——羅賓斯（Jeffrey Robbins），一九九九年九月於美國麻州里丁市（Reading）

# 費曼的主張

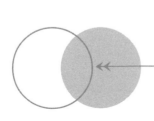

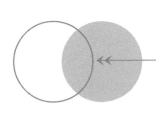

# 第一章

# 發現事理的樂趣

## ——對於人生的主張

一九八一年、費曼替英國廣播公司（BBC）的「地平」（Horizon）節目錄製了一輯訪問節目。在美國，這場訪問也被安排在「新星」（Nova）節目中播出。這裡所收錄的，正是這次訪問的文字版本。

到了這個時候，費曼的大半生已成追憶（他於一九八八年過世），因此他在回顧過去的經驗和成就時，有一種年輕人經常無法達到的境界和洞見；結果是一場生動、輕鬆和親切的討論，範圍涵蓋了很多費曼感到最貼心的一幕：為什麼單知道某樣事物的名字，等於對這個事物一無所知；而在世界另一端的廣島上，同樣身為人類的日本人正數以千計的死去時，費曼和他在曼哈坦計畫中的原子科學家同仁如何還能喝酒歡呼，沉醉在這個恐怖武器的研發成功之中；以及為什麼就算沒有拿到諾貝爾獎，費曼還是可以活得好好的，一點關係也沒有。

## 花朵之美

我有位藝術家朋友，偶爾會提到一個我不大能苟同的觀點。他會拿起一朵花說：「看它多美呀！」這我同意，我猜我會同意。接著他說：「你知道嗎，身為藝術家的我，有能力看得出來這朵花有多美麗，但身為科學家的你呢，噢，就會把它拆開來分解去，而它就變成一件萬分沉悶的事情。」

我覺得他真的有點神經兮兮、搞不清狀況。首先，我相信他能看得到的美，其他人和我也能享受得到；雖然說，也許我的美感及不上他那麼細緻，但我確實能感受到一朵花的美麗。同時呢，我看到很多關於這朵花的種種，比他能體會到的多太多了。我可以想像花朵裡的細胞，細胞內部的複雜活動，而且其中富含美感。我的意思是說，除了在一公分、兩公分的尺度上的美之外，在更小的尺度上，在它的內部構造中，也有一種美。還有就是各種機制和運作過程的美了，像花朵為了吸引昆蟲替它們傳遞花粉，而演化出各種顏色，這件事情就很有趣，這表示昆蟲是看得到顏色的。於是又多出一個問題來了：這些美感意識在更低層次的生命中，存不存在呢？為什麼會有美的感覺呢？

這些各式各樣、十分有趣的問題，在在顯示：科學知識只會替一朵花帶來更多興奮、更多神祕感，叫人肅然起敬。科學帶來的結果是加成的，我搞不懂它怎麼反而會有減損的效應？

## 閃避人文學科

關於科學，我從來都是一面倒的，在我比較年輕的歲月裡，力氣都花在科學上面。我沒時間去學，也不大有耐性去應付所謂人文學科的東西，儘管大學裡就有這些人文科目，而且是必修課。我費盡力氣、但總是有辦法逃避學習這些科目，不往那個方向走。一直到了很久以後，當我年紀漸長，人比較放輕鬆之後，我才稍微往外跨出去，學會了畫畫，也讀了點人文方面的書。但事實上，我還是個一面倒、懂得不多的人。我的聰明才智有限，而我將之全用在一個特定的方向上。

## 窗邊的霸王龍

我們家裡有一套《大英百科全書》。當我還只是個小孩子的時候，我父親經常讓我坐在他的大腿上，讀《大英百科全書》裡頭的文章給我聽，我們會讀到，比方說，恐龍。也許剛巧講到雷龍或什麼的，或者是霸王龍，而書上會說：「這巨獸身高二十五英尺，頭有六英尺寬。」這時候，父親就停下來說：「讓我們看看那是什麼意思。那就表示：假如這恐龍站在我們家前面的草坪上，牠的頭都可以伸到窗口裡來了。但另一方面呢，牠的頭卻伸不進來，因為頭太寬大了點，真要伸進來的話，就會把窗戶弄破。」

無論父親和我讀到什麼，我們都想盡辦法把它轉換到真實世界中的某些事物，因此我也學會了那樣做。我讀到什麼東西，都會試著用轉換的手法，釐清它到底有什麼意義，而因此〔說到這裡，費曼笑起來〕我小時候經常讀大英百科，但有人替我轉換。你看，情形變成了：只要想到有那麼高大的動物，就很叫人興奮和覺得有趣。但我不害怕真會有那麼一隻恐龍跑進我的窗戶裡來，我不那麼想，而只覺得牠們全都滅絕了，當時卻沒人知道原因是什麼。這是一件很有趣、很有趣的事情。

那時候，我們經常跑到卡茲奇山區裡去。我們家住在紐約，卡茲奇山區是夏天裡大家跑去避暑的地方；而那些當爸爸的——山區裡聚集了一大群人，但當爸爸的平日還是待在紐約上班，只在週末才回到山裡。當我父親回來時，他經常帶我到森林中散步，還會告訴我森林裡很多很有趣的事物；等一下我再說明這部分。但其他媽媽看到這狀況，當然囉，認為如果其他當爸爸的也帶小孩去散散步，會有多美好，於是紛紛企圖說服她們的丈夫有樣學樣。可是都碰了一鼻子灰，於是她們轉而希望我父親能帶所有的小孩子一道去散步，但我父親不想答應，因為他和我之間的關係是十分特殊的，我們共同擁有的是一種很私密的東西。所以，到了下個週末，其他爸爸唯有親自帶小孩去散步了。

接下來的星期一，男人們都回去上班了，小孩全聚在田野裡玩，有一個小孩跟我說：「看看那隻鳥，那是什麼種類的鳥？」而我說：「我壓根兒不曉得那是啥種類的鳥。」他會說「這是隻棕頸畫眉」之類的話，「你爸爸啥也沒教你。」但事實上剛相反，父親教我很多東西。觀看這隻鳥時，他會說：「你曉得那是什麼鳥？那是隻棕頸畫眉；但葡萄牙語叫……義大利語是……」他還會說：「中文叫……日文叫……」等等。「那麼，」他繼續說：「現在你知道了這隻鳥在全世界不同語言中叫什麼之後，你還是對這隻鳥一無所知。你只不過知道了世界各地有什麼不同的人，以及他們給隻鳥取什麼樣的名字而已。所以，」他說：「讓我們好好看看這隻鳥吧。」

他教會了我要關注各種事物。有一天，我在玩一個我們稱之為驛馬快車的玩具，那是一輛小小的馬車，放在一條路軌上，小孩子拉著車子跑來跑去。車子裡有個球，我還記得這件事：有個球在裡面，而當我拉動車子時，我注意到球移動的情形，因此我跑去父親那裡說：「爸，我注意到一些事情：當我拉動車子時，球會往車子的尾部滾過去，而如果我拉著車子，但突然之間停下來的話，球會滾到車子前面去，」我說：「為什麼會這樣？」父親說：「沒有人知道答案。普遍適用的原理是，正在運動中的物體會嘗試繼續運動下去，而靜止中的物體會傾向繼續維持不動，除非你用力去推它。」他繼續說：「這種傾向叫做『慣性』，但誰也不曉得為什麼會發生這樣的事。」

這，才稱得上真正深度了解透徹。父親不是只告訴我一個名詞而已，他很清楚「知道某樣東西的名字」和「知道某樣東西是什麼」的分別，而我七早八早就學會了這一點。

我父親繼續說：「如果你仔細點看，就會注意到那顆球並沒有往小驛車的尾巴衝過去，而是由於你拉著車子，以致車子的尾部緊靠著球；小球其實處於靜止狀態；甚至由於球和車底之間的摩擦力，小球還往前滾動呢。」於是我跑回去看看我的小驛車，把小球重新放好，一邊拉動車子，一邊從旁進行觀察，發現他說的很正確：當我拉動車子時，小球從頭到尾都沒有往車後方移動，小球只不過是相對於車子而言往後移動，但相對於車子外面的馬路而言，小球反而是往前移動了一點點，因此其實是車子的尾部追上了小球而已。

我父親就是用這種方法教育我的，他用的是各種例子、討論，沒有施加任何壓力，只有親切有趣的討論。

## 務實者用的代數

我有個表哥，比我大三歲，當時在念高中，學代數的時候碰到滿多困難，於是請了個家教老師來補習，我獲准坐在角落裡旁聽（費曼笑起來）。家教老師很努力的教我表哥代數，像 2x 加些什麼之類的習題。我跟我表哥說：「你在做什麼？」你知道，因為我聽到他說 x。他回答：「你懂什麼？2x 加 7 等於 15，」他說：「你要算出 x 等於多少。」我說：「你的意思是 4。」他說：「對呀，但你剛剛是用算術算的，但你必須用代數來算。」

那就是為什麼我表哥從來不懂得怎樣算代數題，因為他根本不明白應該如何著手。根本不可能學會。我很幸運學會了代數，但不是在學校裡學，我知道重點是要找出 x 是多少，而你怎麼找到它並沒有任何差別，完全沒有所謂用算術算，或者是用代數算這回事。那是他們在學校裡發明出來的錯誤勞什子，好讓學生有代數可讀，讀完才能考試及格。他們弄出來一套規則，要是你按著規則，就想也不用想便能製造出答案來：在等號的兩邊減 7，如果有乘數，就兩邊除以這個乘數……等等一連串的步驟，就算你完全不曉得自己在做什麼，還是可以得出答案。

那時候有一套書，從第一本《務實者的算術》開始，接著是《務實者的代數》和

《務實者的三角》等，我就是從那些書學會了給務實者的三角學。但沒多久，我就把學到的都忘了，因為其實我並沒真的弄得很懂。但那一系列的書一本接一本的出版，圖書館快要拿到《務實者的微積分》了，之前我在《大英百科全書》上已經讀到過，知道微積分是一門很重要的學問，也很有趣，我應該學會。這時候，我年紀已經比較大了，可能是十三歲吧；終於那本微積分的書出版了，我興奮得不得了，跑到圖書館要借這本書，圖書館管理員看著我說：「噢，你只是個小孩子，幹嘛要借這本書呢？這本書是『給成年人看的』。」這是我一生中絕無僅有、少數覺得很不舒服的經驗之一，於是我撒了個謊，說這是替我父親借的書，書是他挑的。

我就那樣把書帶回家，透過它學會了微積分，還試著跟父親解釋微積分是啥，他便開始閱讀書本的起始部分，但他覺得這書太紊亂。這件事讓我有點苦惱。之前，我從不知道原來他的程度是如此有限的。你曉不曉得，我的意思是，居然他會看不懂，但我覺得這是滿簡單淺白的，而他卻無法理解。於是，那是我生平首次知道，就某方面而言，我已經青出於藍了。

## 肩章與教皇

父親教會我的其中一件事，除了物理之外（費曼又笑起來）——不管是對是錯，就是不要尊敬那些特意要人家尊敬的某些事物。例如當我還只是個小孩時，《紐約時報》上剛開始用凹版印刷法印出照片，父親便經常讓我坐在他腿上，攤開某張照片，像是一張教皇的照片，每個人都在教皇面前鞠躬膜拜。我父親就說：「看看這些人。這裡有個人站著，而其他人全都在鞠躬膜拜。分別在哪裡呢？這個人是教皇！」他討厭教皇，他會說：「分別在他們身上的肩章！」當然在教皇的例子裡沒有肩章，但如果是個將軍，則永遠是由於制服或位階，「但這個人也會碰到其他人會碰到的同樣問題，他也跟其他人一樣，要吃東西，要上廁所，跟其他人一樣碰到同樣的問題，他也是個人。為什麼他們都在膜拜他呢？只不過是因為他的名字和位階罷了，因為他的制服，而不是因為他做了什麼特別的事情獲得了什麼榮譽之類的。」

順便一提，我父親是從事制服行業的，因此他很清楚穿上制服的人和沒穿制服的人到底有什麼分別；對他而言，那是同樣的一個人。

我相信，他對我頗為滿意，跟我相處很快樂。不過有一次，當我從麻省理工學院回家時（我在那裡念了好幾年書），他跟我說，「現在，」他說：「你是個學富五車的人了，很多東西都懂，而我一直都有個疑問，老弄不太懂，很想問問你，因為你在這方面讀了一大堆，我想你給我說明一下。」我問他到底是怎麼回事。他說，他知道當一個原子從某一能態轉變到另一能態時，會發射出一個叫光子的粒子。我說：「沒錯。」他說：「那麼，到底這個光子之前就已經藏在原子裡頭、後來再跑出來呢，還是說一開始時，什麼光子也沒有呢？」我說：「裡頭的確沒有光子，只不過當繞著原子核跑的電子，能態改變時，光子就出來了。」而他說：「那麼，它從哪裡來，怎樣跑出來的？」

結果我不能單單說：「物理學家的看法，是光子數並不守恆，它們是由於電子的運動而產生出來的。」我不能跟他解釋，比方說：我現在說話時所製造出來的聲音，其實並不在我身體裡。這跟我小孩說的意思不一樣。當我那小男孩剛開始學講話時，有一次突然說他再也不可以說某個字了，那個字是「貓」，因為他裝字的袋子裡，「貓」這個字已經用完了〔費曼笑起來〕。因此說，你身體裡面沒有「字袋」這回事，不會由於一個個字一直跑出來，而「用完」了，而是一邊說話，一邊造字；同樣的，原子裡頭也沒有一個光子袋，光子也全然不是從什麼地方冒出來的。但我解說至此，也無能為力了，沒有更好的說明方式。

他對我這方面不太滿意，因為對於他弄不懂的東西，我從來無法說清楚、講明白〔笑〕。於是，在這件事情上，他不怎麼成功：他送我到這些大學裡，好弄清楚這些事物的來龍去脈，但他自己卻一直沒法弄清楚〔笑〕。

## 原子彈之邀

【旁白：博士論文還未弄完，費曼就受邀參與原子彈的製造計畫。】

這是個全然不同的東西。其中包含的意義是，我將要停止原先的研究工作，換句話說，停止我生命中最渴望從事的工作，而花時間去做這件我覺得為了保護人類文明而應該做的事。明白了沒？那就是我必須跟自己辯個清楚的重點。我最初的反應是，唔，我不想因為接這份奇怪的任務而打斷原先的正常工作。當然，還有就是關於戰爭的道德問題。那些問題倒是跟我沒什麼瓜葛，可是當我意識到那武器將會是怎麼樣的一件武器時，我有點嚇到了，特別是，由於它也許是可能的，因此它就一定是可能的。

就我所知，沒有任何證據顯示，我們有能力製造出這武器，而德國人卻沒能力做成功，因此大家加緊努力合作是很重要的。

【旁白：一九四三年初，費曼加入歐本海默在羅沙拉摩斯的工作隊伍。】

至於道德問題，我的確有些話想說。最初，驅使我展開工作的原因是，德國人是個威脅。於是我先在普林斯頓大學、後在羅沙拉摩斯設立起這些前所未有的系統，努力想要把炸彈製造成功。各式各樣的嘗試、更新設計，目的都只是要弄出一個更恐怖的炸彈……這是個大家全力以赴、很努力很努力、通力合作的計畫。而在任何類似的情況中，當你已經決定了要參與之後，你會不斷的工作下去，希望能夠成功。

但實際上，我（我也認為不怎麼道德）竟忘記了自己說過為什麼要加入的理由，以致後來理由也改變了，因為德國都已經被打敗了，我腦海裡卻沒有任何相關的省思，沒有想過那就代表了我應該重新考量我為什麼還在繼續參與這個計畫。當時我就是想都沒有想，就這樣子。

## 成功與苦難

【旁白：一九四五年八月六日，原子彈在廣島落下、爆炸。】

我唯一記得的反應是十分的興高采烈、十分興奮——也許我被自己的反應弄得對一切都視而不見了。當時有人舉辦派對，有人喝得醉醺醺的。如果將當時羅沙拉摩斯的情形跟廣島的情形做個比較，那真是個強烈對比。身處於這些快樂氣氛之中，我也喝酒喝到醉了、還坐在吉普車的引擎蓋上打鼓，很興奮的打鼓，在羅沙拉摩斯跑來跑去，而同一時間廣島的人卻處在死亡邊緣、掙扎受苦。

戰事結束之後，我有一種很強烈、很奇特的感受。也許這來自原子彈、也可能因為其他心理因素而起，那時候我妻子剛去世，但我記得我和母親坐在紐約的一家餐廳裡，就在廣島事件之後，我一邊想著紐約，我知道投向廣島的原子彈有多大，爆炸波及的範圍有多大等等，而我意會到從我們的所在位置，大約是五十九街吧，如果在三十四街丟一顆炸彈，它會一路爆到這裡來，而所有這些人都會被殺掉、所有的東西都會被毀掉！

那顆原子彈也不是獨一無二的，很容易就可以繼續生產下去，因此一切還是有點前途黯淡，因為我已經看得出來——很早很早、比其他樂觀份子都要早便看到：國際關係以及人們的處事態度還是不會出現什麼改變，一切都跟原子彈爆炸前的情形沒什麼兩樣。所以我那時候就很肯定，不久後將再度動用原子彈。因此我感覺很不安，心裡頭真的相信一切都是十分愚蠢的。看到有人在蓋橋時，我就說：「他們什麼都不懂。」我真的相信，蓋什麼東西都是無知的、愚蠢的，因為反正早晚都會被摧毀掉，但他們沒弄懂這些事，而我看到任何建築工程時，都會油然浮現出這種奇怪的觀點，永遠覺得他們真有夠笨，還在建造些什麼呢？於是，當時我真的陷在一種憂鬱狀態中。

## 你管別人怎麼想

【旁白：二次世界大戰之後，費曼加入康乃爾大學貝特教授（注一）的研究工作，費曼也婉拒了普林斯頓高等研究院的工作機會。】

他們一定認為我很優秀，預期我很優秀，才給我那樣的工作機會，但其實我並不會那麼優秀。於是我弄懂了一個新道理，那就是我不用對「別人認為我有能力做什麼」這種想法負擔任何責任；我用不著因為他們認為我很優秀，就必須很優秀。不知怎的，我就能對這淡然處之了。我私下想，我從沒做過什麼重要的事情來。但我曾經很能享受物理和數學的樂趣，經常「玩」物理和數學，於是在很短的期間內，我便研究出些東西來，後來還因此得到諾貝爾獎（注二）。

## 諾貝爾獎——值得嗎？

【旁白：費曼由於在量子電動力學的研究，而榮獲諾貝爾物理獎。】

另外還有兩個人分別獨立完成這些研究，即在日本的朝永振一郎以及哈佛大學的許溫格。基本上我做的是找出方法，以控制、馴服、分析和討論早在一九二八年便發展出來的電與磁的量子理論；如何詮釋這些理論而同時避開無限大的問題，如何計算出一些有意思的東西，而這些計算結果又剛好符合到目前為止大家所做過的每一個實驗。因此，量子電動力學在各方面都能與實驗相吻合，只要它能派得上用場，例如，不牽涉核力的時候。我在一九四七年間所做的研究工作，就是想出怎樣解決這些，而我因此得到諾貝爾獎。

**【英國廣播公司：你的工作值得一個諾貝爾獎嗎？】**

做為一個諾貝爾獎得主〔費曼笑了〕，關於諾貝爾獎，我啥也不知道，我不懂它是怎麼回事，或者什麼值得什麼。但如果瑞典皇家學院的人決定甲、乙或丙得到諾貝爾獎，那麼一切就成定局了。但願我跟諾貝爾獎毫無牽連……這真讓人頭痛……〔笑〕。我不喜歡獎項。我充分體會我做過什麼，也很感激那些體會到這一點的人，而我知道很多

注一：貝特（Hans Bethe, 1906-2005）為一九六七年諾貝爾物理獎得主，得獎原因是他在核反應理論方面的貢獻，特別是有關恆星內部如何產生能量的理論。

注二：一九六五年，諾貝爾物理獎由費曼、許溫格（Julian Schwinger, 1918-1994）及朝永振一郎（Sin-Itiro Tomonaga, 1906-1979）共同獲得，得獎原因是他們在量子電動力學所做的奠基研究，以及這些研究對基本粒子物理帶來的深遠影響。

物理學家都在用我研究出來的成果，我已經不再需要其他什麼東西了，我不覺得其他東西還有啥意義，我弄不懂「瑞典皇家學院某個傢伙決定這項研究值得拿獎」這件事，能有什麼特別意義，我早已得到應得的獎品了。我的獎品是發現事理時的樂趣，發現到的好玩東西，以及看到其他人在使用我的研究成果。那些都是實實在在的東西，但獎項對我而言，則是虛幻的。我不相信獎項這回事，它讓我深感困擾，獎項困擾我，獎項是肩頭上的徽章，是制服。我父親就是這麼教育我的。我受不了它，它使我受傷害。

還在念中學的時候，我得到的其中一項榮譽，是獲得邀請加入「阿瑞斯塔會」（Arista），這個會的成員都是成績好的學生——呃？每個人都希望能成為阿瑞斯塔會的會員，而當我加入了阿瑞斯塔會之後，我發現當他們開會時，就只是隨便坐在那裡討論還有什麼人值得邀來加入這個偉大奇妙的組織。看到了吧？於是我們坐在那裡，努力要決定誰能夠獲准加入這個阿瑞斯塔會。這類事情使我心裡很不舒服，原因到底是這還是那，我也不大清楚。榮譽獎項從那一天起，直到今天，還是困擾著我。

當我成為美國國家科學院院士之後，終於我還是必須退出，因為那又是一個類似的組織，大部分時間都用在挑選看看還有誰夠偉大，能夠獲得邀請加入我們的組織，討論的議題包括像「我們物理學家應不應該團結在一起，因為他們化學家之中出現了一個很優秀的人，正努力要把他弄進來，而我們卻名額不足，連某某某都無法收容。」化學家有什麼不對了？整件事情腐敗不堪，這個組織的目的主要不過是決定誰可以得到這項榮譽而已，不是嗎？我不喜歡榮譽。

## 遊戲的規則

【旁白：從一九五〇年到一九八八年，費曼都是加州理工學院的理論物理教授。】

有一個滿好玩的比喻，可以說明我們到底做了什麼事來了解大自然，這個說法是，想像許多神仙在玩一場巨型的，比方說，像下西洋棋之類的遊戲，而你完全不知道這場遊戲的規則，但你得到允許在旁邊觀看棋局，至少是三不五時可以稍作窺探，也許還只能置身於棋盤的某個角落；但從這些觀測之中，你試著找出遊戲的規則到底為何，每隻棋子移動的規矩是什麼等等。

沒多久也許你發現，例如說，當棋盤上只剩下一只主教時，它永遠走在同一種顏色的格子上。後來，當它沿著斜線而走時，也許你發現了「主教定律」，這定律解釋了你之前發現的定律——即它留在同一種顏色的格子上。這就很像在發現一個定律之後，又找到了更深一層的解讀它的方法一樣。然後也許會發生的是，每件事情都進展順利，你已掌握到所有的定律，情勢一片大好，接下來卻突然在某個角落出現了一些奇怪的現象，於是你開始探究之。結果是「入堡」，也就是國王與城堡易位，這是你沒預期會出現的事情。

順便說一下，我們研究基礎物理時，永遠都企圖探究那些我們茫無頭緒、不了解結論為何的東西。等我們把它弄通弄透以後，便一切沒問題了。

那些格格不入的東西，跟你心目中預期的背道而馳的，正是最有趣的部分。而有可能一幕幕的物理學革命就在我們眼前開展：經過很長的一段時間，當你觀察到每只主教都停在同一顏色的格子上、只沿著斜線方向移動等等，每個人都認為這些都成為真理之後，有一天你突然發現，在某些棋局中，主教並不見得永遠站在同一種顏色的格子上，顏色是有可能改變的。於是往後你發現一個新的可能性，那就是某一只主教被吃掉了，但有一只卒子往前衝鋒陷陣，直達對手陣營的底線，搖身一變成為一只全新的主教——這是可能發生的事，但你原先完全不曉得有這等事。

這跟我們的物理定律情況十分相似：它們很多時候看起來都很有希望，物理學家不斷努力研究，而突然之間，一些小東西顯示這些定律竟然錯了，之後大家只好分析探究在什麼樣的情況下，這只主教棋子坐落的格子顏色會改變，由此慢慢學會了新的規則，於是能更深入透徹的解釋這個現象。

不過，跟棋局不一樣的是，你研究棋賽愈久，找出來的規則就愈複雜，但在物理學呢，當你發現新的東西之後，一切看起來會比以前簡單。事實上，整體說來，情況會好像比以前複雜，因為我們學到的是更浩瀚的經驗；換句話說，我們知道的是更多的基本粒子和更多的新事物，因此物理定律又好像變得複雜起來了。可是，如果你隨時隨地醒悟到其中的奧妙，也就是說，若是我們拓展自己的經驗範圍，進入更五彩繽紛的領域裡，那麼偶爾也會出現整合的情況，使得各事各物都相互呼應，統合在一起，結果形成一個比以前更簡潔單純的畫面。

如果你有興趣知道這個物質世界的終極特性，想掌握整個物質世界最深層的奧妙，而且到目前為止我們理解這個世界的唯一方法，就是透過數學形式的邏輯推理。那麼我真的無法想像，不懂數學卻還能夠充分了解、甚至只大致了解這世界的各個面向、物理定律的普遍性、世間各事物之間的關連等等的偉大奧妙。我不知道還有什麼其他方法，我們並沒有其他方法能精確的描述這一切……或者能讓我們釐清各事物間的相互關係。因此，我不覺得任何對數學沒感覺的人，有能力欣賞這世界的這個層面。

請不要誤會我的話，世界上還有許多許多的層面，數學是無用武之地的，例如愛情，那是令人愉悅、感覺神奇又神祕的體驗；我的意思並不是說，這世界只有物理這東西，但由於你談起物理，而如果你要談物理，那麼不懂數學，將會對於「理解這物質世界」這件事情，構成極嚴重的限制。

## 將原子擊破

目前我正在研究的物理題目，是大家都在面對的一個難題，我會說明一下那是怎麼回事。你知道，所有東西都是由原子造成的。我們已經很有進展了，大部分的人都知道這個事實，知道原子裡頭有個原子核，而電子則在周圍跑來跑去。位於外圍的電子的脾氣性格，我們也已經全弄清楚了。就我們所知，相關的定律都包含在我剛才跟你說的量子電動力學裡頭了。當那部分的理論成形以後，問題就變成了：原子核如何運作？那些粒子是如何交互作用的？它們到底靠什麼黏在一起？這些研究的其中一項副產品，是發現了核裂變（fission）這個現象，繼而造出了原子彈。

可是，研究到底是什麼力將原子核內的粒子結合在一起，卻是一樁漫長的工作。最初，大家猜想核內部的粒子，乃是靠交換某種粒子來達成的，這某種粒子叫做「π介子」，π介子是由湯川秀樹（注三）發現的，科學家並且預測說，如果你用質子（質子是原子核的其中一種粒子）來撞擊原子核，那麼π介子就會被撞出來，而果然，實驗中的確出現了這種粒子。

不單單只是π介子跑出來了，還有一大堆其他的粒子，沒多久，我們都來不及替它們命名了：K介子，Σ（sigma）粒子和Λ（lamdas）粒子等等；現在它們統統都稱為

「強子」（hadron）。而隨著撞擊實驗用的能量提高，得到的是更多各式各樣的粒子，最後出現了幾百種不同的粒子；接下來的問題，很自然的，是找出這些粒子背後的模式。這個階段大約從一九四〇年起到一九五〇年，再到現在（一九八一年）。看起來，在這些粒子間，好像有好多好多很有趣的關連以及模式，直到冒出來一個理論，能夠解釋這些模式。

這個理論說，所有這些粒子，其實都是由別的東西構成的，它們都是由叫做「夸克」（quark）的東西造成的。例如說，三個夸克湊在一起，成為質子，而質子是原子核內的其中一種粒子；核內的另一種粒子是中子。夸克有好幾種，事實上，起先只需要三種就可以拼湊出所有幾百種不同的粒子，他們的名字是「上夸克」（up quark）、「下夸克」（down quark）和「奇異夸克」（strange quark）。兩個上夸克加上一個下夸克，就成為一個質子，兩個下夸克和一個上夸克就組成一個中子。而如果它們在裡頭以不同方式運動，那麼結果又是其他的粒子。

於是問題來了：夸克真正的特性到底如何，它們又靠什麼湊合在一起呢？大家想到

注三：湯川秀樹（Hideki Yukawa, 1907-1981），日本理論物理學家，在核子理論的基礎上，預言介子（meson）的存在，一九四九年諾貝爾物理獎得主。

一個理論，這個理論很簡單，跟量子電動力學很相似——不完全一樣，但很接近。在這理論中，夸克扮演了電的角色，而牽涉到的粒子叫「膠子」（gluon）；就像在電子之間跑來跑去，使它們產生電的吸引力的光子那樣。

兩套理論使用的數學十分相似，但其中幾項稍有分別。在猜想這些方程式裡應該出現哪一些分別時，所根據的原理是那樣的美和單純，完全不是隨意亂來，而是十分、十分肯定的。隨意的部分，只是針對到底有多少種夸克，而不是針對在它們之間作用的力的特性。

但是在電動力學中，兩個電子可隨你喜歡而拉開，要它們相隔多遠的距離都可以。事實上，當它們相隔很遠很遠的距離時，其間的吸引力只會變弱；假如夸克的情況也是如此的話，你會預期，當你施加的力夠大時，可以將東西擊破，連夸克都掉出來。然而這是不會發生的。相反的，如果你在進行實驗，用的能量已經巨大到連夸克都有可能被撞擊出來時，你會發現跑出來的是一道巨大的噴射流；換句話說，許多的粒子沿著原先眾強子的方向前進，而沒有單獨的夸克——根據夸克理論，很明顯的，如果夸克被轟出來，它們會兩兩成對，而以一群群強子的模樣出現。

問題是，為什麼跟電動力學如此的不同？同一套方程式內少數幾項的差異，怎樣製造出如此不一樣的效應、完全不一樣的效應？

事實上，對大多數人來說，這樣的事是十分出乎意料的，於是一開始你會想：那理論不正確。但愈研究下去，就愈明顯，這些額外的項確實很有可能構成如此這般的效應。於是，我們走到歷史上很獨特的位置上，跟物理發展史上任何的時刻都大不相同。我們手裡有一套理論，一套完整和明確的關於所有強子的理論，除此之外，我們還擁有數量豐富的實驗數據，許多許多的詳細資料，那麼，為什麼我們還是無法立刻檢核這套理論，看看到底理論是對是錯？因為，我們需要做的，是計算出這套理論會導致什麼樣的結論。假如理論正確，應該發生些什麼事情呢？而那些事情發生了沒有？

唔，可是，這次的困難卻在第一步裡。假如理論正確，我們依舊很難弄得清楚應該發生什麼事。目前，為了要弄清楚這套理論會導致什麼結果而需要做的計算，仍是那麼難以克服的困難。我說的是「目前」——曉不曉得？所以，我應該做的研究題目很明顯，我的工作是試著建立起一套方法，好從這些理論得出一些數值，再很小心很小心的以實驗驗證之，看看能否得出正確的結果，而不單只是概念上的驗證而已。

我花了好幾年的時間，在研究、發明能解開這些方程式的數學上，但什麼進展都沒有。後來我決定，要達到那樣的目的，首先我必須弄明白答案大致上長什麼樣子。這很難說明，不過我必須對這個現象的運作機制有種「質」的認知，然後才有可能找到使之「量」化的靈感。換句話說，原先大家甚至連個模糊概念都沒有，不曉得它們的運作機制是什麼樣，因此過去一、兩年來，我努力研究的，就是要弄清楚它大概是怎麼回事，這還未到數據化的地步。我希望在未來，這些粗略的理解可以精煉成確切的數學工具、數學方法或步驟，大家能夠以理論為開始，而以基本粒子為結果。

你看，目前我們處於十分滑稽的地步：我們不是在找尋理論，我們已經有一套現成的理論，那是很好、很有希望的候選者。而需要踏出去的下一步，是把理論跟實驗做一比較，看看理論計算出什麼結果來，然後以實驗做驗證。

但我們在計算結果時碰到了困難，而我的目標就是、我想做到的就是，看看我能不能找出方法去「找出這套理論能預測的東西」（笑）。這情況有點瘋狂，理論有了，但不知道如何才能計算出一些結果來……我真的受不了了，我一定要把它弄清楚。總有一天會成功吧，也許。

## 「讓喬治來負責吧！」

如果你想做出一些高檔、真正出色的物理研究，那麼你鐵定需要能夠連續而長時間的投入工作，那樣一來，當你試著把許多既模糊不清、又很難記得住的想法整合在一起時，就好比用撲克牌疊紙牌屋而每張撲克牌都顫危危的，如果你忘記了好好照顧其中之一，便會全盤倒塌，一切得重來，連當初怎樣進展到那個地步都不知道呢。如果你的工作被打斷，半數的想法都有點忘記，想不出原先那些撲克牌如何疊在一起；撲克牌就像各種不同的想法，你必須組合各種想法，才能得到想要的概念——我想說的重點是，你把各個想法組合在一起，變成一個滿可觀的塔，這時你很容易就會失手，這種工作需要極度的專心；換句話說，一段結結實實的長時間的思考。而如果你同時兼了一些行政工作的話，那麼你就很難再能長時間思考了。

於是，我替自己發明了一個神話，那就是我是個不負責任的人。我跟每個人說，我啥也不做。假如有人找我加入某個委員會，幫忙處理新生招收及評選等工作，我就說：「不，我是個沒責任感的人，我才不關心學生怎麼樣呢！」當然我關心學生會怎麼樣，但我知道其他人會處理好這些事情的。我的說法是，「讓喬治來負責吧！」是的，這種想法並不可取，因為那是不對的。但我這樣做，是因為我喜歡研究物理，而我想看看是否能繼續研究下去。因此，我是很自私的，好不好？我極渴望能做我的物理研究。

## 歷史悶死人了

教室裡都是學生。你問我應該怎麼樣教導他們，才能得到最佳效果？我應不應該從科學史以及科學應用的觀點來授課？

我的教學理論是，最好的教授方式是不要涉及哲學，要混沌多元和混亂一點。我的意思是，你要用各種可能的方式來進行教學這件事。這是我能給這個問題的唯一答案，這樣一來，才能夠一邊教下去，一邊靠不同手法吸引到這個傢伙或那個傢伙上鉤。不過，假如這次有個對歷史有興趣的人被你正在教的抽象數學悶得發慌，也許下一次另一些喜歡抽象數學的人會被歷史煩死。如果你有辦法讓所有的人都不覺得沉悶、從頭到尾都不沉悶的話，那也許你的日子會過得愉快些。

我真的不知道應該怎麼進行。我不知道怎樣回答你這個「各種心態、各種興趣」的問題——什麼東西能引他們上鉤、什麼東西能夠引起他們的興趣，怎樣能引導他們發生興趣。有一種方法是採取高壓手段，你這門功課必須要及格、必須要考這個試等等，這是個很有效的方法。很多人都這樣念完書的，也許這是個比較有效的方法。對不起，雖然我教了很多年書，試過了各式各樣的手法，我還是不知道怎樣教才對。

## 虎父無犬子

小時候，父親告訴我很多事情，我覺得很好玩，因此我也試著跟我兒子說些這個世界的有趣事兒。當他還很小的時候，我們晚上都哄他睡覺，說故事給他聽，我會編個小矮人的故事，小矮人只有這麼這麼高，他們在周圍跑來跑去，到這裡那裡野餐之類。他們住在通風口裡，經常穿過一些森林，森林內有很多很像樹的高大、藍色的東西，但上面沒長葉子，全都只一根根光禿禿的站在那裡，小矮人們都要在藍色桿子之間找路往前走……等等。

慢慢的，我兒子就醒悟到那是地氈，是地氈上的細毛，地氈是藍色的。他愛死這個遊戲了，因為我從一些古靈精怪的角度來形容這些事情，而他喜歡聽故事，我編出來的各種奇妙事物都有：小矮人甚至跑到一個溼氣很重、不斷有風吹進來、吹出去的山洞裡；吹進來的是冷風，但等它吹出去時，就變成熱風等等。其實，小矮人跑到一隻狗的鼻子裡頭了，當然，接下來我可以告訴他一大堆生理學的知識。他很喜歡這方式，因此我跟他講了很多東西，而我也很樂在其中，因為我告訴他的，正是我所喜歡的東西。當他東猜西猜究竟這是什麼東西時，就是我們的最大樂趣了。

後來我有一個女兒，於是我依樣畫葫蘆。可是，我女兒的性格不一樣，她不想聽這些故事，她只想聽書本裡的故事，一遍又一遍的要人家讀給她聽。她要我讀故事給她聽，而不要我編故事，性格不同哦。

所以，如果我說「編些小矮人的故事」，是一個教小孩科學的方法，但這方法用在我女兒身上，卻是行不通的；它只對我兒子有用。這樣說，你能了解嗎？

## 不科學的科學

我想，科學的成功會導致一些偽科學的出現。社會科學就是其中一個「不是科學的科學」的例子；其實他們並沒有做什麼科學的事，而只不過學了科學的模樣——蒐集數據，做這做那；但他們並沒有找到任何定律，沒有找到任何東西。他們沒什麼進展，目前還沒有，也許以後什麼時候會有進展也說不定，只是目前這些學問並沒有發展得很好。而實際上正在發生的，卻是跟一般人息息相關、在更基本的層次上的事情。無論任何事物，我們都有一堆好像什麼科學專家的專家。

其實他們並不怎麼科學，只不過是坐在打字機前面，亂編些，噢，糧食的種植以及，呃，有機肥料比無機肥料好之類的話。也許這是真的，也許是錯的，但這件事情從來沒有經過實驗證明究竟是這樣，還是那樣。然而他們就坐在打字機前面打起字來，編出這麼一大堆東西來，好像這些都是科學了，而接下來，他們就變成糧食專家、有機食品專家了。到處都是各式各樣的神話和偽科學。

也許我弄錯了，也許他們真的懂，但我不相信我的看法有誤。要知道，我占的優勢是親身體驗過，要弄懂一些東西是多麼困難的一件事，你必須多麼小心的檢查所有的實驗，而犯錯和自欺欺人又是多麼容易發生。我真正知道「弄懂一些東西」是什麼意思，因此，我充分明白他們的資訊及數據從何而來，而我無法相信他們弄懂了，因為他們沒有下過那些必須下的工夫、沒有檢查過那些必須檢查的事物。我很懷疑他們根本不懂，他們說的東西全都錯了，而他們只不過在嚇唬大家。我是這樣想的。我對這個世界並不真那麼了解，但這就是我的想法。

## 懷疑和不確定

如果你預期科學能夠為那一堆奇妙的問題，關於我們到底是什麼、人類要往哪裡去、宇宙到底有什麼意義……提供答案的話，那麼我想也許你很容易會變得很迷惘，然後會尋求一些稀奇古怪、怪力亂神的答案。

一個科學家怎麼會接受怪力亂神的解答呢，我不知道，因為科學的精神是要弄清楚。哎，算了，不要談那些了。總而言之，我搞不懂那些，但總之，如果你仔細想一想，我的看法是，我們在進行的是「探究」，盡我們的力量發掘出有關這個世界的種種。很多人跟我說：「你是不是在找物理的終極定律？」不，我沒在找，我只不過隨意看看，想多發現一些跟這世界有關的事物，而如果最後發現，的確有這麼一個很簡單、能夠解釋一切的定律的話，那麼有就有吧，能夠發現那樣的定律也很不錯。

假如說，最後出現的狀況是，大自然就像一個有幾百萬層的洋蔥般，而我們一層一層的看下去，看得非常厭倦，那麼也注定是命該如此了。然而無論結果如何，大自然的特性就在其中，它是怎麼樣就怎麼樣，因此當我們研究它時，不應過早斷定自己到底在嘗試進行什麼，除了我們只不過在嘗試發掘出更多有關大自然的種種。要是你說，你的命題是，為什麼你要發掘出更多有關它的種種？要是你認為你這樣做，是因為你要回答一些更深奧的哲學問題，那麼你可能全弄錯了。也許，就算你更加明瞭大自然的特性，還是沒能為你的疑問找到什麼解答。

我的看法卻不是那樣。我在科學研究上的興趣，只不過是要弄清楚這世界到底是怎麼回事，發現得愈多，就愈好。

表面上看來，我們人類的能力似乎比動物高出許多，能夠多做很多事情，其中隱含了很多很神奇的祕密。類似的問題還有一籮筐，可是這些正是我有興趣研究、卻不想知道答案的神祕議題。所以我也一概不相信那些奇怪的故事，說什麼我們和宇宙的關係等等，因為他們似乎把事情太簡化、說得太言之鑿鑿、太狹隘、太局部了。這一個地球，祂降臨到地球來——記得哦，上帝的其中一種形態跑到地球來看看情況到底怎麼樣了。

這簡直太誇張了。總而言之，多辯無益，我沒法辯論這些，我只不過想告訴你，為什麼我腦袋裡的科學觀點真的會影響到我的信念。

另外，就是如何判別某些東西到底是真是偽。如果每種宗教對同樣的東西提出的理論居然南轅北轍，那麼你便會開始懷疑了。一旦開始懷疑，而你本就應該懷疑，你便會問我到底科學是真是偽。你說：「不，我們不知道什麼才是真的，我們嘗試在做的，是找出結果，而有可能結果一切都是錯的。」於是，在學習理解宗教之道上，你先假定一切都有可能是錯誤的。唔，讓我想想看，只要你一這樣想，你便滑到另一頭去，很難再回頭了。

按照科學的觀點，或者說，依我父親的觀點呢，我們應該睜大眼睛，看看什麼是真的、什麼又可能不是真的。一旦你開始懷疑，而且問問題，你就不會傻乎乎的人云亦云了。於不疑處而有疑，對我來說，早已經是我靈魂裡很基本的一部分。

你看，重點是，我可以與懷疑、不確定共存，我可以什麼都不知道。我覺得，活著而什麼都不知道，比知道一大堆可能全錯掉的答案，要有趣多了。我知道很多近似答案的答案、很多可能正確的信念，我對各式各樣的事物有著各式各樣的確定程度，但我並不對任何東西有著絕對的確定，而且有很多東西我根本全然不懂，比方說，問「我們的存在到底有什麼意義」，甚至這個問題本身可能有什麼意義。

我也許會花點力氣去想想這些問題，但如果我想不出個所以然來，那麼我就會去想別的東西，我不需要非找到答案不可，我不會因為「無知」而害怕，不會因為我在這個神祕宇宙裡迷失了方向而害怕。就我所知，這個世界本該如此。這並不會讓我害怕的。

# 第二章

# 未來的電腦

## ——對於科學預言的主張

說起來真是滿諷刺的，第二次世界大戰末期，美國在日本長崎丟下了一顆原子彈，整整四十年之後的同一天，當年曾實地參與曼哈坦（原子彈研製）計畫的費曼，居然受邀來到日本，發表了一場演講。不過那天他的講題跟戰爭沒有多少關係，而是一個長久以來，盤踞著頂尖科學家頭腦的問題，那就是電腦未來的演變。

而他那天所選擇的談論重點，是電腦的最小終極尺寸問題，那天費曼就此議題所發表的意見，衡諸他演講以來這十幾年電腦實際的發展，諸多若合符節，儼然使得他成為電腦科學界的諾斯特拉達穆斯（注）。

不過可能有許多讀者會覺得，要跟上本章內容，相當具挑戰性。這篇東西無疑是費曼對科學所做的貢獻中，非常重要的一環。編者希望讀者能夠耐住性子，儘管有需要把其中比較難以了解、比較技術性的部分暫時跳過去，也應該堅持把這篇文章讀完才好。在這篇演講的結尾，費曼簡單討論到他個人的一個最得意的觀念，此觀念激發了後來的奈米科技革命。

注：諾斯特拉達穆斯（Nostradamus, 1503-1566），法國宮廷醫生和星相預言家，所發表之《世紀》（*Centuries*）一書，跟中國古代袁正罡的《推背圖》或劉伯溫的《燒餅歌》性質相當類似。

## 先告訴你，我不想談什麼

今天我覺得非常高興而且面子十足，能夠受邀來到這位我最為敬重跟欽佩的科學家仁科芳雄（注一）教授的紀念會上，作一場專題演講。不過來到日本講電腦，似乎有點像到佛陀面前去說佛法的意味。但這完全不是故意，只是碰巧最近我正在思考電腦方面的問題，在接到演講邀請通知的時候，腦子裡一時擠不出其他東西來，也就只好來班門弄斧一番了。

我今天要講些什麼呢？我想最好是先說明，有哪些東西我今天不打算要講。題目雖然是未來的電腦，但是電腦將來最重要的一些可能發展，卻不在我準備要講的內容清單上。譬如說，如今大家投下了很多功夫，在研發所謂比較聰明的電腦，什麼是比較聰明的電腦呢？那就是電腦跟使用者之間，互動關係好一些的機器，資料輸入跟輸出比較容易一點，最好能不必經過目前仍然需要的那些複雜程式。有人把這樣的改進，稱為人工智慧（artificial intelligence）。但是我不喜歡這個名稱，我認為也許沒有智慧的機器，比有智慧的機器，效率反而好些。

另一個今天不想談的問題是電腦程式語言的標準化。如今不同的電腦語言實在太多，如果能在既有的裡面選出一種來，由大家推廣共用，我認為是個好主意。我原本不太願意在日本提出這點意見，因為據我看來，此地的趨勢似乎跟我的想法剛好相反。聽說你們現在已經有了四種寫程式的標準方法，卻還在積極另外從事標準化，可見此間標準方法的數目，一時只會增加，不會減少！

還有一項值得大家研究、且蠻有趣味的未來電腦問題，同樣是我不打算在此饒舌的，就是自動除錯的程式，它們不但修正機器裡的錯誤，也修正程式裡的錯誤。可是當程式變得愈來愈複雜時，除錯的工作也就跟著難上加難。

另一個改進電腦的方向，是把物質結構從當前的一切都聚集在晶片表面上，改為三維空間結構。這項改進顯然不容易一蹴而幾，但可以分段來逐步達成。開始時先用少數幾層，以後才漸漸增加成許多層。再來必須有一種重要的裝置，就是能自動探測晶片，找出有缺陷的元件，然後晶片會自動改動線路，避開有缺陷的元件。如今當我們製造大型晶片時，經常會在一些晶片上出現各式各樣的缺陷，目前我們只能把整個晶片丟棄，非常浪費、可惜。如果能做出上述裝置，我們就能利用晶片上仍然有用的部分，可以節

注一：仁科芳雄（Yoshio Nishina, 1890-1951），日本原子物理之父，曾留學英國劍橋大學，隨波耳等大師研究物理。返回日本後，啟迪了湯川秀樹、朝永振一郎等傑出的物理學家。仁科芳雄在物理學領域中，以「Klein-Nishina 公式」留名青史。

省很多資源。

我囉囉嗦嗦說了這麼一大堆，目的是想告訴你們，我不是對這些電腦未來的真正問題缺乏了解。我今天選擇的，是一些根據物理定律應當可以實現的，簡單、不起眼的技術，跟本質上的改善。換句話說，我要談的是增進電腦功能的機制，而不是如何去使用電腦。

首先我要談的是電腦機器製造上的一些可行技術，包括三個議題：

第一個是所謂平行處理（parallel processing）機器，這是個近期內就會開發出來，甚至現在已經呼之欲出的東西。

接著是在不久的未來裡，會發生的電腦能量消耗問題，這個問題目前看起來似乎影響相當有限，但事實上不然。

最後我要談的是尺寸問題，原則上，機器永遠是做得愈小愈好，問題是根據自然律，機器到底可能做到多麼小呢？

我不會討論到將來這些東西是否真的會出現，以及出現時長相如何，因為它們必然受到各種經濟跟社會因素左右，而我可沒啥興趣去嘗試猜測那種謎團。

## 平行電腦

第一個議題有關平行電腦。幾乎所有現有的電腦，都是依照早期馮諾伊曼（注二）所發明的設計或結構組合而成的。這種設計包括一個非常大的記憶體（memory），用來儲存電腦所有的資料，以及一個中央運算單位，用來做些簡單的計算工作。它的運作方式是這樣的：它從記憶體裡面的某一處拿出來一個數字，再從另一處取得另一個數字，並且把這兩個數字送到中央運算單位去加起來得到答案，然後把答案送到記憶體內的又一個位置儲存起來。

所謂中央處理器（central processor）就是這麼樣，簡單但非常辛勞的在快速不停運作。而整個記憶體卻靜靜的呆等在一旁，活像一個攤開了擺在那兒的偌大卡片檔案櫃。除了中央處理器快速進行的忙碌存取動作，會動用到櫃子的極小部分外，櫃子裡的絕大多數卡片都文風不動，閒置在那兒。明眼人一看就立刻會想到，如果我們有好幾個處理器同時一起運作的話，那麼機器的計算效能無疑就會頓時增加數倍。但是這樣做難免會

注二：馮諾伊曼（John von Neumann, 1903-1957），原籍匈牙利的美國大數學家，計算機理論發明人，被許多人認為是電腦的創造者之一。

碰到一個難題，那就是一旦其中兩個處理器同時需要記憶體裡面的同一項資料，就會發生衝突，機器就會抓狂了。也就是為了這層原因，大家認為要讓許多處理器一塊兒平行運作，是個非常棘手的事情。

以前有一些所謂向量處理器（vector processor）的大型電腦，就是在這個方向上採取了一些步驟，用以增強電腦的功能。當某些時候你遇到一大堆不同的項目需要做同樣步驟的處理，也許就可以把它們同時辦理。我們想像的方式是，這個步驟的處理程式本身，倒不需要什麼特殊寫法，不過另外可以設置一個解釋程式（interpreter），會自動去發現需要用上向量處理步驟的時機。這樣的觀念早已經使用在克雷（Cray）電腦跟日本的所謂超級電腦（supercomputer）裡面。

另一種設計是把很大數目、但較為簡單（但不是非常簡單）的電腦，以某種形式互相連接起來。然後它們各自負責解決問題的一小部分，其間每一個電腦仍然是單獨作業，只是它們之間有了連繫，彼此需要的資料可以傳遞過來傳遞過去。依據這理念設計而實際製造出來的電腦，有加州理工學院的宇宙方塊（Caltech Cosmic Cube），而它只不過是代表許多可能之一而已，如今有許多人還在製造類似這樣子的電腦。

另外一種設計是把非常多個非常簡單的中央處理器，分配在整個記憶體各處，每一個處理器只限定跟記憶體的一個很小部分打交道，而各處理器之間設置有一套精緻的連繫系統。利用這種設計的機器，例子之一是有人在麻省理工學院製造的「連結機器」（Connection Machine）。那部機器裡面一共有六萬四千個處理器，以及一套路由（routing）系統，該系統可讓每十六個處理器跟任何其他十六個處理器對話，因此就有四千個可能的路由連結。

有些科學問題，譬如某種物質中的波動的傳播，看起來可以非常容易的用平行處理方式來計算求解。原因是它在任何一個時間點的任何空間部分，都可以局部計算出來，而計算所需要知道的資料，只是來自周圍附近各容積的壓強跟應力。因此整個問題可以經由同一時間每個容積的數據，以及聯繫各個容積之間的邊界條件，而解答出來。所以這樣的平行電腦設計，正好可以用來解決諸如此類的問題。後來我們發現，有這樣性質的問題還真是非常多。也就是只要問題夠大，有著一大堆計算要做的話，平行處理設計還真是管用，能夠大幅縮短解題時間，並且這項原理還可以應用到非科學性的各式各樣問題上。

那麼為何兩年前大家都表示不喜歡平行程式，認為它太困難呢？原來他們覺得太困難的地方，是在於希望對任何一個尋常程式，都可以自動套用平行處理方式，達到快速解題的目的。這幾乎是不可能行得通的。可行的方法是必須拋開既有程式，回歸到原來的問題上，從原點再出發，認定平行計算的可行，並且以順應機器能力的方式，重寫解題的程式。換句話說，要有效運用平行處理，就不能把它硬加在舊有程式上，所有程式都必須重寫。這對大多數工業應用方面來說，是個相當大的缺陷，有著相當大的阻力。

但是通常大程式多屬於科學家或其他精明的程式設計者，他們喜愛電腦科技，只要能增加效率，不會在乎重寫程式。所以即將發生的是，這方面的專家會把一些比較困難又特別巨大的解題程式，以新方式重寫，帶動這個趨勢，然後其他人會逐漸回心轉意，而有愈來愈多的程式重寫。所以未來的程式設計人員一定得學習這種新的寫法。

## 減少能量消耗

第二個我要講的議題是電腦的能量消耗問題。實際上，電腦必須隨時保持溫度不能過熱，因而冷卻是個必要設施，並且顯然成為極大型電腦之所以不能無限擴建的一項限制條件。

在建造大型電腦時，冷卻機器往往是個大難題。但是我認為這個問題完全是肇因於設計水準不夠，缺乏理論基礎。電腦裡面最基本的訊息單位「位元」（bit），是由電線來調控的，電線上可以有兩種不同的電壓值，每一個電壓值就是所謂的一個位元，我們得靠著增加或減少線上的電荷，來回改變電壓值。這就好比我們在容器裡裝水，容器上畫著高低兩條橫線。要讓水面來回升降，交替跟其中一條橫線對齊，就得不時加些水進去，或倒些水出來。這水容器只是比喻，喜歡電學的人，直接用電荷來想像，可能還更適切些。

不過我既然用水容器當作比喻，就請各位看圖一，我們從上方把水注入容器，讓水位到達高標準；也可以把低處的閥門打開，讓水位降至低標準。在這兩個程序裡，因為都有一些水從高處流到了低處，因而都消耗掉了一些能量（位能）。電荷的情形雖然沒有這麼明顯，但道理完全相同。

這也就像班奈特先生解釋開汽車，起動時必須發動引擎，而要停下來時又必須踩煞車。發動引擎之後又跟著踩煞車，每回都得平白浪費掉許多能量。有一個比較節省能量的設計，是把車輪跟飛輪連接起來。當車子慢下來的時候，仍然帶動飛輪增高其轉速，以節省跟儲存能量，待會兒要車子再動

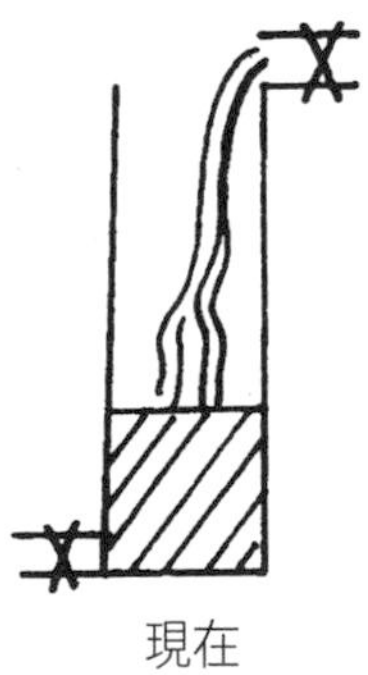


圖一

加速時，再把儲存在飛輪上的能量拿來運用，就可以了。

同樣的想法應用在水位調節上面，則是利用一根U形管，在連接兩邊主臂的橫向管中間，裝一個閥門，如圖二。

一開始我們把右邊管子裝滿水，讓水位跟高橫線對齊，而左邊管子讓它空著，中間閥門則關著。現在如果我們打開閥門，水就會經過閥門衝到左邊去，當右邊水位降到預定的低橫線時，即刻關上閥門，此時左邊的水位比右邊高些。之後如果要把右邊水位提升回到原來的高橫線時，我們只需要再度打開閥門，水就會經過閥門衝回到右邊去，就在它衝到最高點時，我們又及時關上閥門。

由於這來回過程之間，免不了會有些能量損耗，因而水位不可能回到原來那麼高，所以我們在開閥放水之餘，每次還得另外加一些水到右邊，使

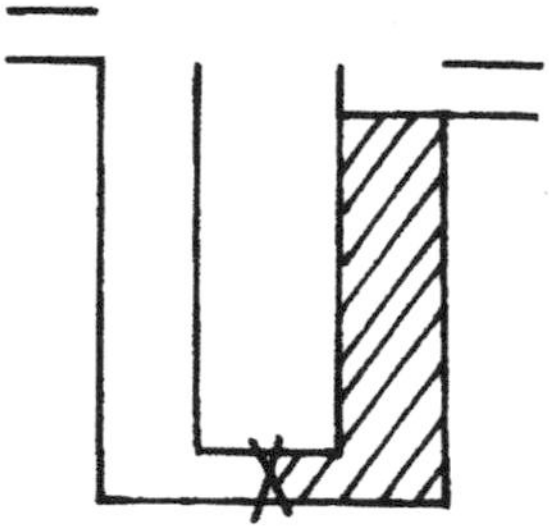

慣性
（電感）

圖二

得水位還原。這所加的一點水，就是免不了的必要能量損耗，但比起剛剛所說的直接加水做法，消耗的能量當然少得多。

這個技巧是利用水的慣性，在電學上類似的技巧就是應用電感（inductance）。不過要在我們現用的矽電晶體所構成的晶片上製造電感，非常困難，所以在目前的技術水平上，這個技巧還沒有辦法實際應用。

另外一個節省能量的辦法是在注入水的時候，跟著提高水源的水位，保持供應水源的水位只比管子裡的水位稍微高出一丁點兒，請看圖三。這樣的做法，無非是要在整個過程裡，讓水的下落距離一直保持很小。同樣的，在經由出口排水、降低管子裡水位的時候，我們只讓水流到比管內水位低一丁點兒的地方，因而在電晶體（也就是管子）所在的地方，不會出現很大的能量消耗，也就是產生的熱

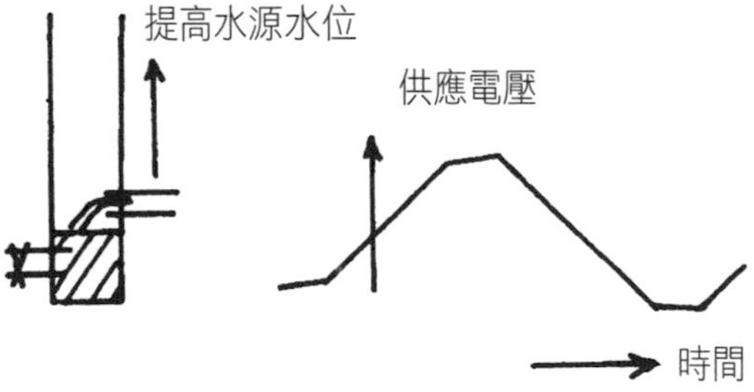


可變電壓供應（「緊迫計時」）
能量消耗 × 時間 = 定值

**圖三**

量很少。

在加水過程這個例子中，這項熱消耗的實際大小，完全取決於水源與管內水位的差距。這個方法在電學上的對等東西，就是隨著時間改變電壓供應，只要有辦法隨著時間改變電壓供應，我們就能把這個節省能量的方法付諸實現。當然供應電壓就不免會消耗能量，但所有的能量消耗只在一個地點發生，並且只是造成一次大電感。由於這電壓供應跟其他程序配合得如響斯應，像一具時鐘，因此這項設計又稱為「緊迫計時」（hot clocking）。而且因為有了它，我們即可不再需要一個傳統設計裡的時鐘信號，來為電路中的各個步驟計時。

以上所講的兩個設計如果動作放慢下來，用掉的能量都還會更少。如果把水源提升得太快，管子裡的水位上升速率跟不上，就會造成兩者差距變大。所以要讓這種設計吻合理想，我們就不能急躁，一切必須慢慢來才行。

同樣的，在U形管的設計裡面，唯有中間那個閥門的操作能夠快過U形管裡面水衝過來或盪過去的速率，我們的目的才能達成。換句話說，唯有U形管裡的東西動作夠慢，才能節省能量。

事實上，對這類型的電路來說，它的能量消耗乘上電路完成動作所需時間，等於一個常數。也就是說時間若拖得愈長，能量的消耗就會愈小。但是無論如何，這樣的考量非常實用，因為用時鐘計時，往往比電晶體的電路時間慢得太多，而我們正好可以用來減低能源消耗。比方說，依照我們的計算可慢下來三倍，結果等於是在三倍長的時間內，只用掉三分之一的能量。若就我們要解決的問題來看，也就等於在每單位時間內消耗的電能，即消耗的電功率，不是只縮小成原來的三分之一，而是縮成原來的九分之一，所以這種方式非常值得一試。

採用平行計算或其他方式重新設計電腦，以增加電腦效率時，也許我們應當允許電路的運作比最大可能速率還慢上一些，如此不只能建造更大的機器，因此更具有實用性，還可以大幅度降低散熱問題。

對於一個電晶體來說，它的能量消耗乘上它操作所需時間，是等於好幾個因素的乘積（見次頁的圖四）：

一、跟溫度成正比的熱能，也就是kT（k是波茲曼常數）。

二、電晶體的源極（source）與汲極（drain）之間的長度，除以其中電子的速度（即熱速度$\sqrt{3kT/m}$）。

三、以電晶體內的電子在碰撞前所走的路徑平均長度「平均自由徑」（mean free path）為單位的電晶體長度。

## 四、電晶體操作時，其中的總電子數。

我們把合理值代進以上這些變數裡去，所得到的結果告訴我們，當今的電晶體所用的能量，大概是熱能 kT 的十億到百億倍，或甚至更多。也就是電晶體每回開關，就得用掉這麼多能量。這是非常大的數量，所以顯然最好能把電晶體的尺寸縮小。在縮小電晶體尺寸後，我們不但縮短了源極與汲極之間的長度，同時也減少了其中的電子數目，因而可雙重的降低能量消耗。不但如此，我們還發現小一些的電晶體，運作速度上比大電晶體快得非常多，原因是電子通過它的速度較快，較早作成開關的決定。基於以上種種因素，我們知道電晶體是愈小愈好，以致每個此中行家，都是朝著這個方向在努力。

但是如果我們遇到一個情況，即當其中的電子平均自由徑超過了電晶體本身的大小時，我們發現該電晶體就不再正常運作了，也就是它突然不肯做我們認為它應該做的事情。

電晶體之能量×時間
= kT×（長度／熱速度）×（長度／平均自由徑）×電子數目

能量～$10^{9\text{-}11}$ kT
∴縮小尺寸：比較快、較少能量消耗

圖四

這個現象讓我想起許多年前，有個叫「音障」的東西。那時候的人，以為飛機絕對無法飛得比聲音的速度更快，因為如果你按照原先的公式設計飛機，一旦把音速代進那些公式裡面，就發現理論跟事實分道揚鑣了。螺旋槳的功能似乎突然消失了，機翼的浮力也沒了，由那些公式計算出來的結果，沒一樣跟實際實驗數據相同。當然後來事實證明，飛機確實能夠飛得比音速更快。

這個例子說明了，你應該知道在任何新的情況下，必須合理的援用合適的定律來做設計，你不能指望舊有的設計一定能適合新的情況。一旦有不同情況出現，或得捐棄成見，重新檢討改進，才能做出適合新情況的新設計來。所以我百分之百相信，我們一定會有辦法發展出一些新型的電晶體系統。或者更正確的說，發展出新型的開關系統跟電腦元件，其尺寸一定能比平均自由徑要小。當然我是說「原則上」一定有此可能，而不是說這樣的東西已經有人製造出來。所以讓我們討論一下，在我們儘可能把這些設備縮小之餘，哪些事情會發生呢？

## 縮減尺寸

所以我今天的第三個議題，就是電腦元件的尺寸問題。而我現在要講的，完全是就理論而言。

當東西的尺寸變得很小的時候，你需要擔心的第一件事情就是布朗運動（注三），因為每樣東西都在不停搖晃擺動，沒有東西是靜止不動的。在這樣的情況之下，你如何去控制那些電路呢？還有，假如有個電路不錯，能夠有效執行任務，但是在搖晃擺動的情況下，它是否有機會突然失控跳了回來？如果我們在這個電能系統裡，用的是一般常用的二伏特電壓，那就是相當於室溫下熱能的八十倍（因為室溫下的熱能 kT 等於四十分之一伏特），而要任何東西衝著八十倍的熱能跳回去，機遇應該是自然對數底 e 的負八十次方，也就是$10^{-43}$。

那是什麼意思呢？如果我們有一台電腦，是由十億個電晶體組成（我們到如今還沒有這麼大的電腦），而每一個電晶體每一秒鐘開關$10^{10}$次（也就是每開關一次所用的時間是十分之一毫微秒），如此繼續不停的運作達$10^{9}$秒鐘，也就是差不多三十年。在這麼長的時間跟這麼大的電腦裡，總共開關次數不過$10^{28}$，而剛才說過，跳回去的機率是$10^{43}$分之一。$10^{28}$雖然很大，比起$10^{43}$來那就還差得遠了。實際上的說法就是三十年內，根本不會因為熱振盪造成任何錯誤。

如果你還是不放心，你可以把二伏特的電壓增高為二・五伏特，那麼出差錯的機率就會變得更渺茫。但是要記得，遠在這種差錯發生之前，其他差錯倒是真的會發生，諸如從太空不請自來的宇宙線，一下子剛好射中電腦，很可能打穿其中一個電晶體，因而引發出錯誤，所以我們沒有道理去苛求更小的出錯機率。

然而事實上，意外還是會發生，而且機率不是太小。我希望你們能去閱讀一篇刊登在最近一期《科學美國人》（*Scientific American*）雜誌上的文章（一九八五年七月號），作者是班奈特（Charles. H. Bennett）和蘭道爾（Rolf Landauer），標題是〈電腦計算之基本物理限制〉（The Fundamental Physical Limits of Computation）。我們可以製造出一種電腦，其中的每一個元件、每一個電晶體在正向操作之外，即使偶爾反向操作，也不會壞事，電腦仍舊能夠繼續運作。也就是電腦中一切運算固然能向前，也能倒退。它可能前進一陣子，然後又自動倒退回去，隔了一會兒，再又往前計算。我們只需把它向前拉拔一點，使得它往前的趨勢稍微大過它後退的趨勢，也就是所謂的進三步、退兩步的辦法，電腦就會完成我們交付給它的計算任務。

我們知道，一切可能的計算，都能用電晶體之類的元件組合起來執行。如果想要

注三：布朗運動（Brownian motion），英國植物學家布朗（Robert Brown, 1773-1858）於一八二七年觀察到的一種微觀世界中的永恆運動。液體中的輕微懸浮物質（例如布朗當年所觀察的花粉）由於受到周圍進行熱運動的液體分子不斷撞擊，因而不停的進行隨機運動。一九〇五年，愛因斯坦首先對布朗運動提出合理的運動論解。

處理邏輯問題，我們可用一種叫「反及閘」（NAND gate）的東西當作元件。「反及」就是反（NOT）—及（AND）的意思。每個反及閘有兩條輸入線跟一條輸出線，如圖五。

我們先暫時別管「反」這個字，那麼究竟什麼是「及閘」（AND gate）呢？及閘是一種設計，唯有在兩個輸入值都等於1的時候，即各具有輸入電壓為1的情況下，它的輸出值也等於1；除此之外，對於其他組合的輸入值，它的輸出值一概是0，也就是輸出電壓為0。

反及閘的意思是跟上述的及閘相反，也就是唯有在兩個輸入值都等於1時，它的輸出值會是0；而遇到其他任何組合的輸入值，它的輸出值一概為1。圖五裡有個反及閘的輸入輸出對照表，A跟B是輸入值，C′

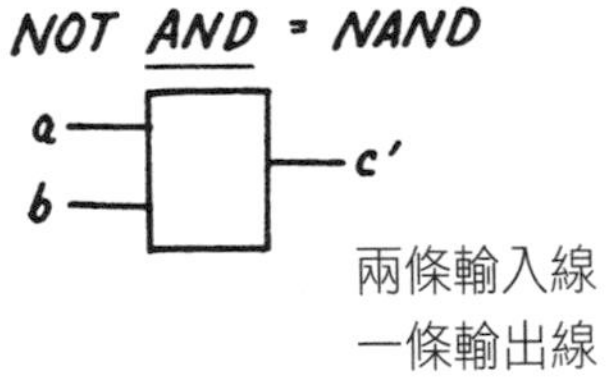


| A | B | C′ |
|---|---|---|
| 0 | 0 | 1 |
| 0 | 1 | 1 |
| 1 | 0 | 1 |
| 1 | 1 | 0 |

不可逆　資料不見了

圖五

是輸出值。如果A跟B都是1，輸出就等於0，其他情形下，輸出就等於1。

但是這樣的設計是屬於不可逆的，因為運作過程中原來的資料會喪失掉，也就是如果只看到輸出值，我們無法知道原來的輸入值是什麼。那麼如果電腦使用的是像這樣的設計，我們便不能希望它在反向操作之後，仍然能正確完成計算工作了。比方我們從輸出得到是一個1，它可能來自A為0、B為1，A為1、B為0，或A為0、B為0，我們無從知道究竟會是哪一個情形，所以它沒法子退回去，因而是所謂的不可逆閘。好在班奈特與傅雷德金（Edward Fredkin，麻省理工學院人工智慧實驗室裡的電腦專家）兩人不約而同，獲致了一個重大的發現，就是改用另一種基於不同邏輯原理設計的閘單元，使得原先不可逆的計算程序變成了可逆。這種新閘就叫做可逆閘單元。

我這兒有個可以稱為「可逆反及閘」的圖解，用來說明他們這項了不起的想法。這個閘有三條輸入線與三條輸出線（見次頁的圖六），其實輸出線中的A′跟B′，和輸入線裡的A跟B完全相同，只有第三條輸入線跟輸出線的數值不一定相同，得看A跟B而定。

設計的條件是，除非A跟B都同樣是1，否則輸出的C′值都維持與輸入的C值一樣。換句話說，在A跟B同樣是1時C′就改變為與C不同。也就是若C原為0，C′就變成1，而C原為1的話，C′就變成0。這個改變只是在A跟B同樣是1時才發生。

如果你把兩個這樣的閘串聯起來，你知道A跟B反正前後不變，經過了一個閘如此，經過了兩個閘也當然還是一樣。而C同樣也會維持前後不變，怎麼說呢？如果C在第一個閘改變的話，經過第二個閘時，它會改回來，所以不論它中間變不變，前後都是相同的。因此這個閘能夠反轉過來，而原來的資料不會喪失。也就是從出來的訊息中，我們能夠發現原來的資料是什麼。

一台完全用這種可逆閘組裝起來的計算機，當然最好是其中每樣東西都是正向運作，那麼要它計算的東西，很快就能給算出來。退而求其次，即使有些時候它會反轉回頭，前後來回跑，但只要前進比後退走得遠些，最後它仍能正確無誤的完成計算任務。它跟氣體裡面的一個粒子，被周遭原子衝撞

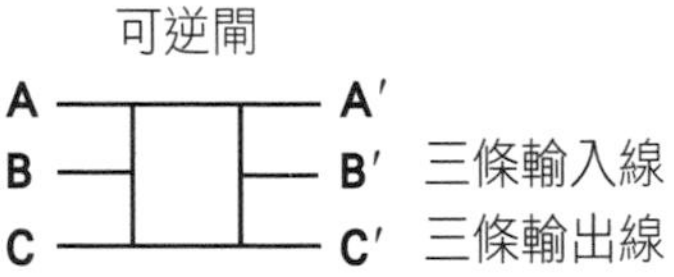


A′ = A

B′ = B

C′ = C，除非A = 1、B = 1

若A = 1、B = 1，則C′ = 1－C

資料沒有遺失

需要一些力去推動，使計算的方向主要向前

能量消耗 × 所用時間 = 定值

圖六

的情形非常相像，這個粒子雖被撞得前後左右上下亂飛，但通常只在原處附近打轉，哪兒也去不了。除非我們從外假手拉它一把，讓它朝某個方向竄逃的機率稍稍大了一點，那麼它就會慢慢從甲地移動到乙地。雖然走的路線不直接，跌跌撞撞的像布朗運動那樣。也就是說，我們必須給一點向前推動的力，那台電腦才會做計算。雖然它不是一步步按部就班、一路平順的在做，而是像我們前面所說，退兩步、進三步的做法，但終究還是能夠做完交卷。

跟氣體中的粒子情形相似的還有一樣，那就是如果我們拉它的力用得很小，消耗掉的能量就會相對很小，而我們也得等上很長的一段時間，才能看到粒子從甲地移動到了乙地。如果我們性子急，拉得很用力，能量就會消耗得很大。電腦的情形也正是如此，如果我們有耐心、讓它慢條斯理的運作，就能夠使得電腦運轉的能量消耗率降低到幾乎等於零，每個步驟比一個 kT 還小。事實上，只要我們有足夠的時間，無論多麼小的能量消耗率都可能辦到。但是如果你不能或是不願意等待，那麼你就得面對散熱的問題。這兒同樣是：用來拉拔電腦往完成計算方向走的能量消耗，乘上成計算所需要的時間，恆等於一個定值。

知道了以上諸項可能之後，讓我們瞧瞧，電腦究竟能夠做到多麼小。計算離開不了數字，那麼一個數字必須得多大呢？大家都知道，我們可以把任何數字用二進位方式寫出來，也就是寫成一連串的位元。其中每一個位元非 0 即 1，也就是一小串這種位元就代表一個數字，那麼如果我們用一個原子來代表一個位元，則一小串原子就可以儲存一個數字。（事實上，由於一個原子可以具有兩個以上的態，理論上我們可以用一個原子代表不只一個位元，所以只需用到比位元數更少的原子數。每個位元用一個原子代表，已經夠小的了！）

就這樣我們不妨把它當作一項益智遊戲，讓我們考量如何用原子來書寫位元。這個答案不難，比方說，我們可以利用原子內的自旋（spin）做為區分，向上的當作 1、向下的則是 0。然後該以什麼來當作改變各處位元的「電晶體」呢？我們可以利用某種原子間的交互作用，該作用改變了參與的原子的物理態。最簡單的例子，就是利用三個原子的交互作用，做為電腦的基本元件或閘。

不過這裡有件事得特別注意，如果我們仍然照以往經驗，用一般尺寸物品的法則來設計，製作出來的產品會很不對勁，沒法子運作。我們必須應用新的物理定律，也就是量子力學的諸定律，因為唯有它們才能告訴我們，原子運動的正確方式。因此我們必須要問，量子力學定律是否允許用這麼少數幾個原子，就能安排成電腦電路中的閘，進而組裝成能夠正常運作的電腦？

這個問題至少在理論上，已經有人去研究過，並且已經發現了一種可行的原子安排方式。由於量子力學定律是可逆的，所以我們必須使用班奈特跟傅雷德金發明的可逆邏輯閘，當他們研究這個量子力學狀況時，除了班奈特先生原先從熱力學觀點述說的限制之外，還好並未發現量子力學給它加上了其他限制。當然它還是有著一些主要是實質上的限制，也就是一個位元得有一個原子那麼大，而一個電晶體得需要三或四個原子。我所用的量子力學閘得至少有三個原子；意思是說，我目前還沒有打算把位元寫到原子核上面去，我得等科技發展到達原子層次之後，才再考慮是否進一步那樣做。因此目前總結下來，得到的結論不外以下三點：

一、尺寸的下限就是數個原子的大小；

二、依據班奈特的研究發現，所需要的能量得由完成計算的時間來決定；

三、是一個我還沒來得及提出來的因素，那就是光速問題，我們傳遞訊息的速度不可能快過光速。

這三點正是就我所知，把電腦尺寸縮小，在物理上的所有限制。

## 問題和答覆

問題：你提到一個位元的訊息可以儲存在一個原子裡面，我想知道你是否能將同樣的訊息，儲存在一個夸克（注四）裡面。

費曼：答案應該是肯定的。但是我們現在還無法操控夸克。去向我們無法操控的東西打主意，不能算是務實之道。你可能會認為我今天所談的，也同樣是空穴來風，不務實的吹牛，但我認為不是。當我講原子時，我確實相信有一天我們將能掌握及控制個別的原子。而夸克的交互作用，牽涉到非常大的能量以及輻射之類的東西，要掌握它們，非常危險。相較之下，我所談的原子能則已是我們非常熟悉的東西，諸如化學能跟電能之類，而且我所講的那些數字，雖然現在看起來匪夷所思，但我相信都非常合情合理，是絕對能夠實現的。

問題：你說電腦元件是愈小愈好。但是我想，製造出來的設備還是需要大些，因為……

費曼：你的意思是你的指頭太大的話，就無法按鍵了，是吧？

問者：對呀！你說得不錯。

費曼：當然！你的顧慮完全有道理。不過我今天談的電腦，是可以用在機器人或其他類似設備裡面的電腦。我沒有討論資訊輸入跟輸出的問題，輸入方式不只是按鍵，還可以是觀看圖片、聽聲音等等。我所討論的只是原則上如何去完成計算工作，而不是應該以何種形式把計算的結果表達出來。若就輸入跟輸出的著眼點看，你想的一點也不錯，現有的電腦，不少的輸入鍵盤已經太過小巧，很難用指頭敲資訊進去，怪不得你怕它再進一步縮小。但是如今所有由大尺寸電腦元件組合成的電腦，一遇到精密、繁複一些的計算問題，動輒需要數小時或是更長的計算時間，這類問題若是改用微尺寸電腦元件去運算，即使兩邊採用的計算步驟完全相同，僅只是因為尺寸縮小了，計算速度就會自動大幅加快。我之所以主張縮小電腦尺寸，關鍵原因就在於希望能夠快速解決現今電腦力有未逮的複雜問題，不是只為了把兩個數字加起來的那類簡單運算。

問題：我希望知道，你把訊息從一個原子尺寸的元件傳遞給另一個同樣尺寸元件的方法。如果你打算利用的是，這兩個元件之間一種量子力學的或是自然的交互作用，則

注四：夸克（quark）僅有間接實驗證據的一族粒子，為目前所知最基本的粒子，特色為具有1／3或2／3正負基本電荷。已知夸克至少有六種，即下夸克、上夸克、奇異夸克、魅夸克、底夸克、頂夸克。在現實中，單一夸克並不存在，夸克只以成對（介子）或成三（重子）的形式出現。例如，質子是由兩個上夸克、一個下夸克組成，中子是由一個上夸克、兩個下夸克組成。

這樣子的設計就會變得跟大自然非常接近。比方說，如果我們製作一個電腦模擬，以蒙地卡羅計算模擬磁鐵，來研究臨界現象。若是採用你的原子尺寸電腦，則電腦就跟磁鐵本身非常接近。你對這點有什麼想法？

費曼：我想我明白你的意思。其實我們製造出來的一切東西，本質上總歸是離不開大自然，永遠是大自然的一部分。我們只是為了達到某些特定的目的，而略作安排而已。計算也是如此，也因為有它的特殊目的。在磁鐵裡面，有著某種關係存在，或者照你的說法，可以說它是：裡面有著某種計算正在進行，理論上就跟太陽系裡也有著某種計算正在進行一樣。只不過那個在磁鐵裡進行的現成計算，不見得剛好就是我們現在需要的。我們所需要的是一套能夠由我們作主改變程式的設備，隨時可以調整去計算我們想要解決的問題，而非任憑磁鐵作主，解決它自己決定的問題。這相當於我沒法把太陽系當作電腦來用一樣，除非有人丟給我一些行星運行的問題要我解答。如果真是那樣，最省事的辦法就是坐下來，往天上瞧就成了。有人寫了一篇玩笑文章，說很久以後的將來，有人發表一篇論文，內容是空氣動力學的最新計算方法，作者一反當時的科學研究模式，捨棄最進步、最複雜、最精良的電腦不用，發明了一個極其簡單的設備，就是把空氣吹向機翼而已。（原來作者重新發明了老古董風洞！）

問題：我最近從報紙上看到一篇文章，說到神經系統的運作速度，比起今天的電腦來，緩慢得多。而神經系統裡的單位，比起電腦的元件，卻小了許多。你認為你今天所說的電腦，跟腦子裡的神經系統有相同的地方嗎？

費曼：腦子跟電腦有個相似的特性，那就是顯然都有些元件能夠在彼此控制之下，做開關動作。神經脈衝控制或刺激其他神經的方式，通常取決於是否有一個以上的脈衝同時到達，方式跟我剛剛演講時說的及閘相當類似。那麼腦子裡面做一次這樣子的開關，得用掉多少能量呢？我不知道正確數字。不過我們知道腦子裡做一次開關所需要的時間，已經比今天的電腦裡做開關的時間要長得多，如果要跟想像中的未來原子電腦比速度，那更是門都沒有。但是腦子裡的交互連結系統，卻比電腦裡面的精細複雜得多，每一個神經元跟其他數千個神經元連接，而電腦裡的每個電晶體只跟其他兩個或三個電晶體相連。

有人觀察腦子實際運作的細節，發現它在許多方面比今天的電腦要強，而另外許多方面則是電腦比人腦強。這類比較會帶給人們許多改善電腦的靈感，一般的過程不外是工程人員想到一個人腦運作的方式（這是他自由心證的結果，跟真相不見得相符），於是依照想法設計出一套機器，能夠做同樣的動作。這個新機器事實上可能運作得非常良好，但是我必須提醒你，雖然它打著人腦這塊招牌，其實跟人腦的實際運作，是風馬牛不相及的。我們可能永遠也解不開腦子運作的祕密，但絲毫無損於我們改進電腦的能力。這就如同任何人為了製造一架飛行機器，沒有必要懂得鳥兒在飛行時，究竟如何鼓動翅膀，以及羽毛的構造是怎麼回事。或是要製造一部汽車，同樣沒有必要去了解印度豹腿上的槓桿系統有何與眾不同的特色。所以不必每件事都去模仿大自然的所作所為，反而能夠製造出一些器械，在許多方面超越自然的能耐。這是一個非常有趣的議題，我還想多談一些。

我們的頭腦在某些方面比起電腦來，非常的不牢靠。比方說，我現在隨便唸給你們一個數，一共有十幾位長，13732521812935，然後要你們各自向我複述這個數字，能夠唸得對的人只怕沒有幾個人。但是一部電腦可以一次記下來一個數萬位的數，然後以顛倒過來的次序，把這個數複述出來。或是把該數所含的數萬位數字全加起來，以及圓滿完成其他一大堆人腦連想都不敢想的困難任務。但是另一方面，如果讓我看人臉，只要匆匆看上一眼，我就至少能告訴你，我認識這個人或者我不認識這個人。但我們還不知道如何建造一部電腦，能具備這樣的能耐，即使你讓電腦看過許多不同的人臉，也想盡辦法去教導它，仍然無濟於事。這種認人的本領，電腦跟人腦差太遠啦！

另一個有趣的例子是下西洋棋的機器。讓人非常驚訝的事實是，我們居然能製造出一部機器，大概能夠下贏這間講堂裡的每一個人。它之所以如此高段，是靠著試探許多不同走法，譬如對方這麼走，我就這麼應，會逼得對方走某一步，然後我又可以如何、如何等等。它比較這些不同應付方式的可能結果，選出最有利的一個來，做為下一步走法。電腦在下棋時得看數百萬個不同選擇，一個個比較評估後，才能做出決定。但是西洋棋大師級棋士不一樣，他認識各種模式，所以只需要瞧瞧三、四十個位置之後，就能決定下一步該如何走。也正因為如此，雖然圍棋的規則比較簡單，電腦下圍棋的本領就遠不如下西洋棋。原因是圍棋裡應付每一步棋的可能下法太多，以致對方下了一子後，需要同步核對的事項數目實在太多，電腦雖然快速，但在有限時間內，能完成核對工作的總件數到底有限。開始的頭緒太多，當然能追究的深度就得大打折扣。所以模式認知問題跟如何應付這些狀況，仍舊讓電腦工程師（他們喜歡自稱為電腦科學家）非常頭痛。這無疑是未來電腦發展方向上的重點之一，甚至可能比我今天所談的議題更重要，就是製造出一部高段的圍棋電腦。

問題：我認為任何有用的計算方法，必須能提供使用者一種撰寫設計或規劃程式的規定。我原以為傅雷德金寫的關於保守邏輯的論文非常有意思，但是當我想到要遵照他的設計去重新撰寫一個簡單程式時，我不得不叫停，原因是我發現這樣寫出來的新程式，遠比原來的錯綜複雜。我想如果每回重寫的程式都比原來的複雜，我們很可能會陷入一種無限的退步。試想如果我們要把這項過程自動化，而寫出來的自動化程式非常非常複雜等等。尤其是在這個例子裡面，程式成為電腦硬體的一部分，而非另外分開的軟體。我認為，組合的方式非常重要。

費曼：我們的經驗跟你所說的有些差異，它不會陷入無限的退步，到了某一個複雜程度，它自己會停止。傅雷德金最後談到的，以及我剛才談到的，都是萬用電腦，意味著它們可以執行不同程式，做各式各樣的工作，而不是一套硬性的固定程式。它們的硬體化程度並不比一般電腦大，同樣是只要把資料連帶運算程式一起輸入之後，它們就會依照指定的步驟去解決問題。雖然不能否認它是硬體的一部分，但它的普適性跟普通電腦沒有兩樣。這種事情人言人殊，難有定論。

不過我倒是發現了一套準則，如果你有一個寫給不可逆機器用的普通程式，我有一套直接翻譯的方案，可以把它從不可逆轉變為可逆，後者確實是非常囉嗦、沒有效率、增加了許多步驟。其實增加的步驟數目，也不是你想像的那麼嚇人，至少我知道我能夠把一個包含2n個步驟的不可逆程式，轉變為一個3n個步驟的可逆程式。不錯，確實是多了出來不少步驟，但那只是很快的直譯，沒有再花功夫去把它精簡。所以我的看法不像你所說的那樣，這種轉換是開倒車。但是也許你看到了一些東西，我還沒機會看到，所以我不是十分清楚。

問題：這種可逆機器跑起來非常慢，難道你不認為這種設計會得不償失，使得預期的優點大打折扣嗎？這點讓我非常不看好這種轉換。

費曼：它們確實是跑得比較慢，但是它們同時在尺寸上縮小了非常多，而且我並不是要青紅皂白不分的一概可逆化，唯有有需要時才出此下策。什麼時候才有此需要呢？那是在我們亟欲大幅度減低能量消耗的時候。說起來相當可笑，因為使涉及的能量降到八十kT時，不可逆機器仍然能圓滿運轉，絕對不會出毛病當機，而今天的電腦用的能量在$10^9$或$10^{10}$ kT左右，所以我們還有$10^7$的能量改善空間，才會到達八十kT，這其間都根本無需可逆機器！不可逆機器在現在、以及將來不太短的期間內，都不會有任何問題。

我曾經純粹為了磨練智力跟好奇，問過我自己，若只談原則而不管實用，這機器的尺寸跟能量底線究竟在哪裡？我發現我可以把能量減低至不到一kT，而機器縮小可到相當於原子大小的尺寸。但是既然到了原子領域，就一定得遵照可逆的物理定律，想要不可逆都不成。大尺寸下的不可逆性質的由來，我們可以把它看成是，熱量分散出去到了一大堆原子身上，而無法再收攏回來。當我把機器做得非常小時，除非我用了一個包含許多原子的冷卻元件，其他過程都非得可逆不可。這情形在實際操作上，還真有可能會遇到，譬如我們不得不把一個超小的電腦，連接到一根裡面包含$10^{10}$個原子的「巨大」外接線路上（其實還是非常細小），此舉就足以使得它變成了不可逆。所以我同意你的觀點，在實用上，此去的將來會有很長的一段時間，甚至永遠就這樣，我們都會一直在使用由不可逆閘組成的電腦。但是從另一個角度看，科學開拓的部分作為，不就是要窮究一切事物在各個方向的終極限度嗎？不就是要在所有知識領域內外，把人的想像力儘量延伸發揮嗎？雖然歷史告訴我們，每一個時期都出現了一些荒謬可笑、看來毫無用途的研究，然而發展到最後的結果，通常都至少不會找不到用場。

問題：測不準原理是否對你的主張有所限制？在能量及時鐘時間方面，你的可逆機器方案是否遇到基本的限制？

費曼：你可是正好問到了我的重點。根據量子力學，沒有任何其他限制。我們必須小心分辨開，什麼是不可逆消失或消耗掉的能量，什麼是機器運轉時所產生的熱量，以及什麼是以後能夠再抽取出來的、在各個運動單元裡的熱含量。時間跟能夠再抽取的能量之間，原本是有一層關係的，但是能夠再抽取的能量對我們這個議題完全無關、無足輕重。猶如問我們是否應該把整個設計裡，所有原子的靜質量能 $mc^2$ 給加進去一樣，當然是不需要啦！我前面所說的，只是指消耗掉的能量乘上時間，而在這方面完全沒有限制。雖說如果你要維持非常高的計算速度，那麼對於高速運轉的機件，你必須供應一些能量，但是那些能量在完成每一個計算步驟時，並不見得會損耗掉多少，慣性會帶著這程序不費力的向前滑行。

另外補充一點：不知道能否再讓我說幾句關於「沒有用的觀念」的話？我希望最後再加一點意見。我本來以為你們會問的，但是我等了半天，卻沒人提出，所以我索性自動把答案說出來算了。這個問題是，要製造那麼小尺寸的機器，我們必須把幾個原子個別安放到特定的位置上去，那要如何才能做到呢？

今天我們還從未曾有過任何機器，裡面有著超小的活動零件。別說幾個原子的長度，就是數百原子的長度也沒見過，但是這並不意味著就無此可能，而且物理學上也沒有任何限制規定說不許這麼做。今天在製作矽晶片時，沒有規定說不許形成一些不連續、有如孤島一般的小塊，而這些小塊可以活動。我們也許可以安置一些噴嘴，把不同的化合物噴灑到特定的位置上。如此就能製造出超小的機器活動部分，這些活動部分應該很容易以我們已有的電腦線路來控制。最後為了好玩，我們可以想像出來的各種機器只有數毫米寬，各個機器都具備輪子跟電纜，其間以電線、矽連結器等互通聲息。雖然它們加在一起之後所占體積並不見得太小，然而一旦運轉起來，完全不似我們現有的嘈雜笨重機器，而是像天鵝的頸子一般的優美、平滑。總之，它是一大堆細小機器的集合，正像組成天鵝頸子的細胞，非常順暢的互相連接制衡。為什麼我們不能在這方面師法大自然呢？

# 第三章

# 仰看羅沙拉摩斯

## ——反官僚作風的主張

接下來是一點點比較輕鬆的東西——這是費曼的俏皮話，

更不消說還有開鎖趣事，以及在羅沙拉摩斯惹上麻煩和擺脫麻煩：

藉著讓別人以為他破壞了「男生宿舍，女賓止步」的規矩，而爭取到私人房間；

智勝營區的安全檢查人員；

與歐本海默、波耳和貝特等偉大人物平起平坐；

以及成為唯一沒戴護目鏡、以肉眼直接觀看世上第一顆原子彈爆炸的人。

這次經驗使費曼變得非常與眾不同，從此以後，也使他的思想大大改變。

（以下是一九七五年費曼在美國加州大學聖巴巴拉分校所做的演講。）

赫斯菲德教授充滿恭維的介紹詞，實在跟我要講的東西不太對得起來。我的演講是「仰看羅沙拉摩斯」。我所謂「仰看」的意思是，雖然在我的本行來說，今天我算是小有名氣，但在當時，我只是個無名小卒。事實上，剛開始進行和曼哈坦計畫（注一）相關的研究工作時，我甚至連博士學位都還沒拿到呢。

其他跟你講述有關曼哈坦故事的人，許多都認識政府裡或某些組織中的高層人物，認識那些為了某些偉大決策而操心擔憂的人。我不用擔心任何偉大的決定，而總是在基層某些地方飛來飛去。當時我還不算是絕對的最基層，後來的發展是我往上爬了好幾步，但我始終不是高層人士之一。因此我希望你們將自己放在另一種氛圍當中，跟介紹詞所說的不一樣的氛圍，並且想像有這麼一個還沒拿到博士學位、還在努力做論文的年輕研究生。

我會從怎樣捲進這個計畫開始講起，談到後來在我身上發生了什麼事。就這麼簡單，我要講的是在參與這個計畫期間，在我身上發生了什麼事。

那時候，我還在普林斯頓大學念書。有一天，我在研究室裡工作，威爾遜（Robert Wilson）跑進來。我在工作——〔觀眾笑聲〕搞什麼，我還有很多更好玩的要說呢；你們在笑什麼？

威爾遜跑進來，說他拿到一筆經費，要進行一項祕密研究。他又說，本來他是不應該跟任何人透露此事的，但他還是要告訴我，因為他知道，一旦我聽到他要進行的計畫，必定會同意加入。接著他告訴我，他要研究的是如何將鈾的同位素分離出來，最終目的是製造一顆炸彈。那時候他已經有一套分離鈾同位素的方法，想要進一步發展，但這和後來正式採用的方法不同。然後他說：「有一個會議……」

我說我不想參加。

他說：「好，好，會議在三點鐘舉行，我在那裡等你。」

我說：「你把這機密告訴我沒問題，我不會告訴別人，但是我不要參加你的工作。」

我回頭去繼續研究我的論文——大概做了三分鐘，然後我就開始來回踱方步，想這件事：德國有希特勒，而他們極有可能正在發展原子彈。如果他們趕在我們之前研製成功，那真是一件恐怖至極的事情。最後，我決定三點鐘時還是去參加會議。

到了四點鐘，我已經在一個小房間內、坐在他們替我安排的辦公桌前進行計算，研

注一：曼哈坦計畫（Manhattan Project）是替建造第一個原子彈的龐大計畫所取的名字。這個計畫從一九四二年開始進行，而以一九四五年八月六日及八月九日，分別轟炸廣島和長崎，達到最重要的頂點。整個計畫的執行，美國各地都有，例如在芝加哥大學、華盛頓州的漢福（Hanford）、田納西州的橡樹嶺（Oak Ridge）、新墨西哥州的羅沙拉摩斯（Los Alamos）等地。原子彈的實際製造地點在羅沙拉摩斯，該地也是整個計畫的總部。

究這個或那個方法會不會由於離子束的電流不夠而行不通。細節不用談了，總之我坐在桌前，桌上有紙，我拚命計算，好讓那些建造儀器的人能當場做實驗，進行測試。

當時的情形很像電影裡有套機器「波、波、波」的變大一般。每次我抬頭一看，眼前的景象又不一樣了。那時，大夥都擱下手邊的研究工作，全心投入原子彈的製作。戰爭期間，除了羅沙拉摩斯之外，其他地方的科學研究全都停頓下來了。可是羅沙拉摩斯那裡的工作，根本也談不上什麼科學研究，大部分只能算是工程建設罷了。他們將原先研究工作中的儀器搶過來，而從各個研究小組運來的儀器全都組裝在一起，成為一部嶄新的儀器——用以分離鈾同位素的裝置。我也把手頭上的工作擱置下來了，雖然不久之後我請了六星期的假，剛好在前往羅沙拉摩斯之前拿到博士學位。因此實際上，我在羅沙拉摩斯的地位也不全然像我剛剛說的那般低。

## 接觸到不得了的偉大人物

剛加入這個計畫時，有不少好玩的經歷，其中之一是跟偉大人物的接觸。之前，我從來沒有見過幾個有名的人物。當時有一個評估委員會從旁指導，最終目的在於協助我們挑選分離鈾同位素的方法。委員會中有康普頓、托爾曼、史邁斯、尤里、拉比和歐本海默這等人物（注二）。我目睹的其中一件事是讓人大大震驚的事。由於我很清楚分離同位素的相關理論，因此他們開會時我也常列席，偶爾他們會問我問題，一起討論。一般的討論方式，是有人提出一個觀點以後，另一人，比方說康普頓，提出另一種看法，說應該如何如何，聽來也很合理。然後又有人說，唔，也許吧，但我們還是應該把這些和

注二：康普頓（Arthur Holly Compton, 1892-1962），美國實驗物理學家，發現康普頓效應（X射線散射現象），一九二七年諾貝爾物理獎得主。

托爾曼（Richard C. Tolman, 1881-1948），美國物理學家，證實電子是電流中攜載電荷的粒子，並測定了電子的質量。曾任加州理工學院院長、二次大戰期間的美國國防研究委員會副主席、曼哈坦計畫首席科學顧問。

史邁斯（Henry DeWolf Smyth, 1898-1986），美國物理學家，曾任普林斯頓大學物理系主任，提出著名的「原子能的軍事用途」報告。戰後擔任美國原子能委員會主席、國際原能會主席，致力於原子能的和平用途。

尤里（Harold Clayton Urey, 1893-1981），美國化學家，發現重氫同位素，一九三四年諾貝爾化學獎得主。

拉比（Isidor Isaac Rabi, 1898-1988），原籍奧地利的美國物理學家，用共振方法記錄原子核的磁性（即核磁共振法），一九四四年諾貝爾物理獎得主。

歐本海默（J. Robert Oppenheimer, 1904-1967），曼哈坦計畫主持人，「原子彈之父」，曾任普林斯頓高等研究院院長。

那些可能性納入考慮才對。

因此在會議桌上往往各有各的意見，互相分歧。最使我驚訝和納悶的，是康普頓不會回過頭去強調他剛剛提出的觀點。最後，會議的主席托爾曼說：「好，我們都聽到了這許多意見，我想還是康普頓提出來的方法最好，讓我們照著進行吧。」

這種場面太令我震驚了：這群人提出一大堆想法，各自考慮不同的層面，卻同時專心聆聽，記得其他人說過些什麼，到了最後，又能就哪個想法最佳，做出決定，綜合全體意見，而不必什麼都重複三遍！

你看看，所以說，那是個讓人震驚的事。這些人實在很了不起！

最後的決定，卻是不採用我們所提出的方法來分離鈾同位素。我們獲得通知暫停一切，因為他們要在新墨西哥州的羅沙拉摩斯實際展開原子彈的建造，我們全都要到那裡參與工作。那裡將會有許多實驗或理論研究，我分到理論的部分，其他的人則編派到實驗部分。

問題是現在該做什麼呢？當時，羅沙拉摩斯還沒準備好讓我們過去。為了充分利用這個空檔，威爾遜想出了許多主意，其中之一是派我去芝加哥，蒐集一切有關原子彈原理或問題的資料。另一方面，在我們自己的實驗室裡，我們可以開始裝配某些設備或各種計量儀器，一到羅沙拉摩斯便可以立刻派上用場。因此我們一點時間也沒有浪費。

我在芝加哥的任務，是跑到各個研究小組那裡，跟他們一起工作一段時間，讓他們告訴我他們正在研究的題目，直到我充分了解相關的細節，能夠獨力研究下去為止。弄清楚一個題目之後，我便可以跑到另一個小組那裡重新學習，那樣我便會明白所有的細節。

這個主意很好，但我有點內疚，因為他們花了那麼多力氣為我說明問題，我卻在明白以後轉身而去，沒幫上什麼忙。不過我的運氣往往很好，當他們向我解釋碰到的困難時，我會衝口而出說：「為什麼不試試積分符號內取微分的方法？」半小時後，他們忙了三個月的問題居然就這樣解決了。因此事實上靠著我那與眾不同的數學工具，我也做出小小的貢獻。從芝加哥回到普林斯頓大學以後，我向大家報告：實驗中釋放出多少能量，原子彈將會是什麼樣子等等。

隨後，跟我搭檔研究的數學家奧倫（Paul Olum）跑來跟我說：「以後如果他們拍關於製造原子彈的電影時，裡面會有個小子從芝加哥回來向普林斯頓的人報告原子彈的事情。他肯定是西裝革履、拿著公事包，神氣十足。但看看你這副模樣，衣服袖口髒兮兮的，隨隨便便的在談論這件實際上驚天動地的大事情！」

羅沙拉摩斯的進度仍然落後，威爾遜乾脆跑去那邊，看看到底問題卡在哪裡。抵達之後，他發現建築公司很賣力的把戲院以及其他幾個他們懂得蓋的建築蓋好，可是他們一直沒有接到指示要怎麼蓋實驗室，像需要多少煤氣管、多少水管等等。威爾遜當機立斷，就地決定應該怎樣蓋，好讓他們立刻開始蓋實驗室。

他回來時，我們早已萬事俱備，隨時可以動身，而且都等得有點不耐煩了。可是歐本海默與格羅夫斯（注三）討論若干問題時，碰到了一些困難。這是我當時所能知道的事。最後大家會商之後，決定不管羅沙拉摩斯準備好了沒有，我們先過去再說。

順便提一下，我們都是由歐本海默等人網羅來參加這項工作的，而他是個很有耐性的人，又很關心大家的個別問題。他很關心我那患了肺病的太太，擔心羅沙拉摩斯附近有沒有醫院等等。這是我第一次跟他的私人接觸；他確實是個很難得的好人。

我們奉命事事都要格外謹慎，比方說，不要在普林斯頓買火車票，因為普林斯頓是個小車站，如果每個人都在這裡買車票去新墨西哥州的阿布奎基（Albuquerque），就很容易會引起別人注意，大家會猜想發生什麼重大事情了。因此大夥都跑到別的地方去買車票，除了我，因為我想：如果大家都去別的地方買車票，那麼我就……

我跑到火車站，說：「一張到新墨西哥阿布奎基的車票。」售票員說：「噢，那麼這許多東西全都是你的！」原來我們將一箱箱的儀器從普林斯頓托運到阿布奎基，已經連續好幾個星期了，還希望不要惹人注意呢！因此誤打誤撞的，我的出現反而替這些箱子找到一個合理解釋。

## 各路人馬齊聚羅沙拉摩斯

我們抵達時，發現很多建築、宿舍等全都還未完工，事實上甚至連實驗室都還沒有準備就緒。我們提早前來，把他們逼慘了，只好瘋狂的把附近的牧場房屋全租下來給我們住。起初我們就住在一間牧場房屋裡，早上再開車到營區。第一個清晨，路上所見使我印象深刻。對於我這個很少出遠門的東部人來說，那景色之美實在令人心曠神怡。那裡有你也許在照片中看過的雄偉峭壁。從低處一路往上攀爬，突然登上這個高聳台地時，效果十分驚人。對我來說，最好玩的是，一路上我都在說也許以前有印第安人在這裡居住過，於是那個駕車的朋友就把車子停下來，帶我繞過一個拐角，為我指出一些印第安人的洞穴。那真是令人興奮難忘！

剛抵達營地時，我注意到有一個以後將會用圍牆圍起來的工作區，此外還會有一個小鎮，而在這些區域外又會有一道更大的圍牆，把整個小鎮團團圍住。不過那時這些全

注三：格羅夫斯（Leslie Groves, 1896-1970），負責曼哈坦計畫的將軍。當原子彈試爆成功的那一剎那，歐本海默感慨說：「這武器將來不知要多少人受害！」格羅夫斯將軍卻說：「我看到我肩上多了一個星星。」

都在施工當中，而我的數學家朋友奧倫，也是我的助理，他站在閘門口，手裡拿著記事板，登記進出營區的卡車，告訴他們什麼東西應該到什麼地方。

跑進實驗室裡，碰到的都是平日聽說過、但未見過面的人，許多名字只是在《物理評論》（*Physical Review*）期刊裡讀他們發表的論文時才看過。「這是威廉斯，」他們會這樣介紹。然後又有個人從一張滿是藍圖的桌子後面站起來，捲起衣袖，面對窗外大吼，指揮滿載建築材料的卡車應該開往哪裡。換句話說，在房子蓋好、儀器裝置好之前，這些物理學家，特別是實驗物理學家，實在無事可做，於是他們乾脆自己動手，至少幫忙蓋這些建築。

至於理論物理學家呢，卻可以馬上投入工作，因此後來決定他們不住牧場裡，全都可以搬到營區內，之後我們便立刻開始了研究工作。當時只有一塊裝有輪子的黑板，可以推來推去，瑟伯（Robert Serber）就用它來給我們說明他們在加州大學柏克萊分校所有想到過的原子彈及核物理理論。我對這些所知不多，因為我一直都在研究別的東西，因此我必須拚命惡補。

每天我都在研究、閱讀、研究、閱讀，那真是個非常緊張的時刻。但我的運氣也不錯，除了貝特之外，所有的科學巨擘剛巧都不在鎮上，像維斯可夫需要跑回去麻省理工學院處理一些事情，而泰勒也剛巧在某些時刻去了別的地方（注四）。而貝特最需要的，卻是談話對象，因為他要找個人來唱唱反調，看看他的想法是否經得起考驗。

這一天，他跑到辦公室來，找上我這個小人物說明他的想法，而且爭論起來。我說：「不，不，你瘋了。應該是這樣這樣才對。」他便說：「等一下！」然後解釋為什麼不是他瘋，我才瘋了。我們就這樣吵鬧下去。要知道每當我聽到物理的一切時，我便只想到物理，甚至連交談對象是誰都完全忘記，因此我會口不擇言的說：「不，不，你錯了！」或者「你瘋了！」之類的傻話。但沒料到這剛好是他所期待的態度，因此我擢升了一級，成為貝特手下的小組長，負責督導四名研究人員。

注四：貝特（Hans Albrecht Bethe, 1906-2005），原籍德國的美國物理學家，對核反應理論貢獻卓著，特別是有關恆星如何產生能量的理論，一九六七年諾貝爾物理獎得主。貝特於戰後也成為和平主義者，一九四〇年代，在發展氫彈的政策上與泰勒唱反調，八〇年代質疑美國的星戰計畫。九〇年代初力主美蘇兩國裁減核武。

維斯可夫（Victor Frederick Weisskopf, 1908-2002），原籍奧地利的美國物理學家，麻省理工學院的講座榮譽教授，曾獲得美國國家科學獎章，在歐洲粒子物理研究中心成型的關鍵年間擔任主任，也擔任過美國人文暨科學院院長、羅馬教皇科學院的院士（在那裡他積極參與核武裁減問題）。

泰勒（Edward Teller, 1908-2003），美國氫彈之父，是較少反思核彈後遺症的著名科學家。後來在歐本海默遭受政治迫害的事件中，有落井下石之嫌。

我和貝特有很多很有趣的經驗。我們有一部計算機器，一部手動的瑪燦特計算機，而他進辦公室來的第一天，就說：「讓我看看，壓強是……」他正在計算中的方程式裡牽涉到壓強值的平方，「壓強是四十八；四十八的平方是……」我伸手去弄瑪燦特計算機；他說答案是大約兩千三百。於是我算到底，想要得個水落石出。他說：「你要知道很精確的答案嗎？答案是2,304。」而答案果真是2,304。於是我說：「你怎麼做到的？」他說：「你不知道怎樣計算接近五十的數字的平方嗎？如果很接近五十，比方說比五十少三，那麼答案裡就比二十五少三，也就是說，四十七的平方的開頭就是22。而還未算的就是剩餘的數字的平方。舉例來說，你少掉三，就表示將會得到九，所以四十七的平方就是2,209。很不錯，知道了嗎？」（注五）

於是我們（他很精於算術）繼續算下去，沒多久，我們必須求2.5的立方根。那麼，在算立方根以前，你先要從一個表中找出一些近似值，然後再在計算機上進行運算。這數字表是瑪燦特公司附給我們的。當下（這次他花了比較多時間，你要明白）我打開抽屜，拿出數字表，而他說：「1.35。」我就猜想，一定有什麼方法讓人計算出接近2.5數字的立方根，但結果並非如此。我說：「你是怎麼算出來的？」他說：「噢，你知道2.5的對數是多少多少，除以三，就得到立方根的對數，也就是多少多少。然後，1.3的對數是這樣……這樣，1.4的對數是……我又在它們之間用內插法。」

所以，他懂得所有這些算術，真的很行，那對我來說是個挑戰。我不斷的練習。我們會小做比劃。每次我們要計算什麼時，便搶著算出答案，就他和我，而我總是輸。過了幾年，我也開始有能力那樣計算東西了，也許四次贏一次。當然，你會注意到某數字的奇異之處，例如說，如果你要將174乘以140，你注意到173乘以141很像三的平方根乘以二的平方根，換句話說，是六的平方根，便得到245。但你要很注意那些數字，而大家各自都注意到一些不同的方向，所以我們玩得很開心。

## 男生宿舍，女賓止步？

前面提到過，當我剛抵達羅沙拉摩斯時，宿舍還未完工，但是理論物理學家還是得住在營區。起初他們安排我們住在一座舊男童校舍內。我們全擠在那裡，睡雙層床，安排得很不好，因為另一名物理學家克利斯帝（Robert Christie）和他太太如果要使用浴室

注五：可假定你的數字 a 與50的差是 b，那麼 a 的平方即等於（50－b）的平方，等於（2,500－100b+$b^2$），因此答案的千位數和百位數必定是（25－b），而剩下來要處理的數值是$b^2$。如果要算47的平方，那麼 b 即為3，代入得到貝特的答案。

時，必須先穿過我們寢室，大家都很不方便。

我們搬進去的下一個地方叫做「大房子」，它的二樓中央有個天井，所有的床就繞著天井外圍，一張挨著一張的沿著牆壁排在那裡。樓下有一大張表，告訴你床鋪號碼，以及該使用哪一間浴室換衣服等等。在我的名字下面，寫著「第C號浴室」，沒寫床鋪號碼！因為這件事，我覺得頗不愉快。

宿舍終於蓋好了。我跑去分配宿舍的辦事處，他們卻跟我說，你可以挑自己喜歡的房間。你猜我動了什麼腦筋？我跑去看女生宿舍的位置，然後挑了一間在她們正對面的房間。不過後來發現這個房間的窗外正好長了一棵樹，視線全被擋住了。

他們告訴我，暫時每個房間住兩個人，兩個房間共用一個浴室。寢室內設的都是雙層床，可是我不想跟另一個人住在同一房間內。

搬進宿舍當晚，只有我一個人住，我就決定獨占那間寢室。我太太當時患了肺病，住在阿布奎基，她有好幾箱衣物在我那裡。我便拿出一件她的小睡衣，把上層床鋪的被子掀開，將小睡衣不經意的丟在上面。我再拿出一雙拖鞋，又在浴室地板上撒了一些粉，讓房間看起來好像有其他人住似的。你猜發生了什麼事呢？你瞧，按規定這是個男生宿舍，但是那天晚上我再回去睡，發現我的睡衣整整齊齊摺好，放在下鋪的枕頭下面，拖鞋則放在床底下。那件女裝睡衣也疊得好好的，放在上鋪枕頭之下。浴室裡的香粉也已清理乾淨，上層床鋪沒有其他人睡。

第二天晚上，我又重施故技，把上鋪弄亂，女用睡衣隨便丟在上面，浴室裡撒些粉。一連四個晚上之後，大家都搬進來住定了，他們大概也不會再安插一個人來跟我同住，危機於是解除了。在那幾個晚上，都有人替我把地方收拾好，但事實上這是個男生宿舍。這就是當時發生的事。

那時我想也沒想過，這件小小詐欺事件會把我捲進一場「政治糾紛」之中。當時有個組織叫做鎮議會。此外，似乎軍方的人在很多事情上，靠著上頭某個我從來沒聽過的管理委員會的協助，決定了很多事情，決定了這小鎮如何運作。不過在任何政治事件中，總會有各式各樣的興奮刺激。

很自然的，營區中出現各種派別：主婦派、機械技工派、技術人員派等。好了，宿舍裡的單身漢和單身女郎覺得他們也應該另組一派，原因正好是因為新近頒布的規定：女生不得進入男生宿舍！這實在是絕頂荒謬！畢竟我們全都是大人了！這是什麼廢話嘛？我們必須採取行動，於是大家針對此事進行辯論，然後我被推舉為出席鎮議會的宿舍代表。

大約一年半後，有一次我跟貝特聊天，那段期間他一直都在管理委員會裡擔任職務，我告訴他我利用太太睡衣和拖鞋的詐術，他大笑起來。「原來你是這樣被選進鎮議會的，」他說。

事情的經過是這樣的：宿舍的清潔女工打開門，突然發現出了麻煩——有女人在男生宿舍裡過夜！她向女工領班報告，領班向中尉報告，中尉又向少校報告，經過好幾個軍官，最後一路報告到管理委員會裡。

他們該怎麼辦呢？他們決定要從長計議，就這樣而已！可是在此期間，他們要如何指示少校、少校要如何指示中尉、中尉要如何指示領班、領班又要如何指示女工？「就叫他們把東西放回原位，打掃乾淨，靜觀其變。」到了第二天，他們接到報告說，情況沒變。一連四天，這些高層人物全都憂心如焚，不曉得該怎麼辦，最後他們頒布禁令：女生不得進入男生宿舍內！沒想到這道禁令在基層人員之間引起軒然大波，最後還要推舉代表……

## 保密防諜，我沒有責

接下來我想談談羅沙拉摩斯的「保密防諜」。那時候他們實施了一項絕對是違法的做法，就是檢查我們的往來信件。而他們實在沒有干涉通信的權力，因此他們採用巧妙的方式，美其名曰自願制度：我們全都「自願」同意寄信時不封口，也同意他們可以隨意拆開寄給我們的信。等他們覺得信件沒問題，才會替我們把信件封起來寄出。如果他們覺得有問題，便會把信退回來給我們，附張小便條，說明哪一段違反了我們「協議」內的某條某款。

就這樣，他們很巧妙的在我們這些偏向自由思想的科學家間，建立起一套名目繁多的檢查制度。不過，我們可以批評當局的管理方式，因此如果真有什麼不滿，我們也可以寫信給自己州的參議員，表達不滿。他們答應這樣做如果有什麼不妥，他們會通知我們。

一切都安排好了，保密防諜第一天：鈴……鈴！電話鈴響！

我問：「什麼事？」

「請你來一趟。」

我跑去了。

「這是什麼？」

「這是我父親寫來的信。」

「上面都是些什麼？」

那是一張有橫線的紙，線條上下有很多小點——四點在線下、一點在上、兩點在下、一點在線的上方，點下又有點……

「這些是什麼？」我說：「是密碼呀。」

他們說：「是呀，是密碼，但它代表什麼意思？」

我告訴他們：「我不曉得。」

他們問：「解碼呢？你怎麼把它翻譯出來？」

我回答：「唔，我不曉得。」

他們問：「這又是什麼？」

我說：「這是我太太的來信，上面寫著TJXYWZTW1X3。」

「那又是什麼？」

我說：「另一組密碼。」

「解碼在哪裡？」

「我不曉得。」

他們火了：「你收到一大堆密件，而你說不曉得解碼？」

我說：「答對了。我們在玩遊戲，我跟他們挑戰，說我可以破解任何密碼，明白了沒？因此他們拚命編些密碼寄來，但不告訴我解碼是什麼。」

檢查制度中有一條是，他們不能更動來往的信件，因此他們說：「好，你去跟他們說，請他們把解碼跟信一起寄來。」

我告訴他們：「但我不想看到解碼。」

他們說：「那麼，到時我們把解碼拿掉好了。」

終於達成協議。一切清楚了吧？第二天，我收到妻子寄來的信，信上說：「下筆很困難，因為我總覺得☆☆在監視著我。」當中那些字被修正液抹掉了，留下一塊痕跡。

我跑到檢查局去，說：「就算你們不喜歡信的內容，也不應去動它。信你們可以看，但不可以塗改。」

他們說：「別傻了。你以為檢查員會用修正液？他們會乾脆把字句剪掉。」

我說：「好吧。」

後來，寫信給妻子時我問：「信裡有用修正液嗎？」

她回信說：「我沒有用過修正液，一定是□。」紙上被剪了一個洞。

我去找負責這些事情的少校投訴。當然這蠻費時間的，但我覺得有義務替天行道，伸張正義。少校跟我解釋，這些人都是職業檢查員，受的訓練都是那一套，他們並不了解我們新辦法的執行方針。

然後他說：「怎麼啦，你不相信我的誠意嗎？」

我說：「是，你是很有誠意，但你好像沒有什麼權力。」事實上，他負責這工作已經三、四天了。

他說：「你等著瞧！」他拎起電話筒，一切問題迎刃而解了，他們再沒剪我的信。

然而，還有其他的麻煩。例如說，有一天我收到妻子的一封信，上面附了一張檢查員的便條，說：「這封信內有一些沒有解碼的密件，我們把這部分拿掉。」

當我跑去阿布奎基探望妻子時，她說：「咦，我要的東西呢？」

我說：「什麼東西？」

她說：「氧化鉛、甘油、熱狗、乾淨衣服。」

我說：「慢著，那是一張清單？」

她說：「是呀。」

「那就是密碼了，」我說：「他們以為那是密碼！」（她要氧化鉛和甘油的目的，是調黏合劑來修她的瑪瑙首飾盒。）

類似事件一再發生，過了好幾個星期我們才把問題擺平。有一天我在玩計算機，無意之中發現一些很特別的事。如果用一除以二百四十三，你會得到0. 004 115 226 337 448 559……，這很妙，但559之後就不規則了，不過不久又回復那漂亮的循環。我覺得很好玩。

於是我把這些數字寫在信裡寄出，結果信被退回來，上面附了一張便條：參看第十七條款B部。第十七條款B部說：「所有信件必須以英文、俄文、西班牙文、葡萄牙文、拉丁文或德文……寫成，使用其他文字必須先取得書面許可。」然後是：「不准使用密碼。」

我把信再送出去，附了張條子給檢查員，說我不覺得這是什麼密碼，因為如果你用一除以二百四十三，你真的會得到那些數字，因為這些數字別無意義……它們就等於二百四十三分之一，並不算什麼情報，因此我要求在信內使用阿拉伯數字，最後這封信便順利過關了。

信件的往來總是免不了有麻煩。比方我妻子就一再提到，有人檢查信件讓她感覺不安，總覺得有人在背後監視她。但按照規定，我們不能提及「檢查信件」這回事。問題是，我們不能提，但他們怎樣告訴她不要提呢？他們只好不斷給我送便條：「你妻子又提到信件檢查了。」當然她有提到！最後他們給我一張便條說：「請告訴你妻子不要在信內提及信件檢查的事。」於是我在給她的信內開頭便說：「我接到指示，要我通知你不要在信內提及信件檢查的事。」這封信也被退回來了！於是我寫：「我接到指示要我通知妻子不要提及信件檢查的事。到底我該怎麼辦呢？我為什麼要通知她不要提到檢查信件的事？難道你們有什麼隱瞞著我嗎？」

這真是滑稽極了：檢查員必須告訴我，要我告訴妻子不要告訴我，她的信……不過他們也早有解答了。他們說，沒錯，他們正是擔心信件從阿布奎基寄來的半路上被偷了，有人因此發現了信件檢查的事，因此請她幫個忙，表現得正常點。

到我下一次去阿布奎基時，我跟妻子說：「我們還是不要提信件檢查的事吧。」不過我們實在碰到太多麻煩了，因此最後我們還是設計了一套密碼，儘管這是非法的。於是，如果我在簽名後面加上一點，那就表示我惹上麻煩，她便會採取下一步行動，虛構一些什麼故事。

她的病讓她整天坐在那裡，也因此想出很多主意來。她玩的最後一個花樣是剪下一幅廣告寄給我，內容看來是完全合法的。廣告上說：「給你的男朋友一封『拼圖信』吧！你可以跟我們買切割好的空白拼片，把信寫在上面之後拆開，放在信封內寄給他。」我收到這張廣告，上面附著的便條說：「我們沒空玩遊戲。請指示你妻子使用一般寫信方式。」

我們原本還準備好用加兩點的密碼，但他們「及時」改進，我們這個主意使用不著了。我們的主意是信的開頭寫：「我希望你開信時要小心，因為我把你說要用來治胃病的藥粉寄上。」想像中檢查室的人會急急忙忙的打開信封，粉末灑滿一地，他們會很氣惱，還要把粉清乾淨……但我們不必使用那一招。

## 碰上費曼，就是沒輒

與檢查員打過不少交道後，我很清楚什麼信件能通過，什麼過不了關，再沒人比我了解他們了，我還因此跟別人打賭，而贏了點錢呢！

有一天，我發現有些住在營區外圍的工人，早上上班時得兜個大圈從圍牆的大門口進來，便取巧的把圍牆的鐵網剪開，在這裡出入。於是我從大門走出去，從那個缺口回到營區，再從大門走出去，從缺口走回來，直到守在大門的憲兵開始注意到我，並且很納悶為什麼這個傢伙只走出去，卻從不見他從大門走進來？當然，他的直覺反應是報告隊長，把我送進監房裡。我告訴他，圍牆上有個洞。

你瞧，事實上我經常在幫別人把錯誤改過來。回到打賭的事情上，我跟別人打賭可以把圍牆上有破洞這件事寫在信上寄出去，而我也真的贏了。我的寫法是，「你應該來看看他們管理這地方的樣子（這我們可以說），離開某某地方七十英尺的地方有個大洞，洞口有這麼這麼大，人也可以走過去呢……」

他們該怎麼辦呢？他們不能對我說那裡沒有洞。那裡有洞是他們倒楣，他們應該做的是把它修好。因此我的信便順利通過檢查了。

在另一封信中，我談到我小組中一個姓甘曼尼（John Kamane）的小伙子，如何被軍方的笨蛋在半夜裡叫起來審問，只因為他們發現他父親好像是共產黨員或什麼其他小事。甘曼尼今天已是大大有名的人物了。

還有很多其他的小事。跟圍牆上的「洞口事件」一樣，我總喜歡用間接的方式指出問題。其中之一是，一開始我們就有很多機密資訊，我們取得了許多研究成果，關於炸彈的及鈾的都有，而所有資料全都放在一些木製檔案櫃內，櫃門上只用一般的小掛鎖鎖上，頂多是由技工加造一條橫閂，但最後還是只用一個小鎖鎖上。而其實呢，連鎖也不必打開就可以把文件拿出來了！

你只要把檔案櫃往後斜放，最下面的抽屜有一根小鐵棒，棒上裝了一塊可以移動的硬隔板，是幫忙固定文件用的。最底下有一個長長寬寬的洞，一伸手就可以從木櫃下面把文件抽出來。

我經常偷偷把鎖撥開，也告訴他們這是多麼容易的事。每次開會時，我都會站起來說，我們不應該把這麼重要的機密放在這麼差勁的櫃子裡，也需要更好的鎖。有一天泰勒在會議中回答我說：「我沒有把最重要的機密文件放在檔案櫃裡，我都把它們放在辦公桌的抽屜裡。那樣是不是比較好？」

我說：「我不知道，我沒看過你的辦公桌抽屜是什麼樣子。」

他坐在會場的前排，我則坐在較後方。於是趁會議繼續進行，我偷溜出去，跑去看他的抽屜。一看，我就知道連抽屜的鎖都不用打開，你只要把手伸到抽屜背後，就可以把抽屜裡的文件，像抽衛生紙一樣全部拿出來。我拿出來一張、又拿一張，一直把整個抽屜都掏光。我把文件全堆在旁邊，然後跑回會場去。

這時，會議剛好結束，大家魚貫離開會議室。我擠進人堆裡，追上泰勒，問他：「噢，對了，順便讓我看看你的抽屜吧。」

「當然，」他說，然後帶我到他的桌子旁。

我看了它一眼，說：「這看來很保險嘛。讓我們看看裡面放了些什麼東西？」

「我很樂意讓你看，」他說，一邊用鑰匙把抽屜打開。「如果，」他說：「你還沒有先偷看過的話。」

想捉弄像泰勒那麼聰明的人的麻煩是，從他發現有異狀開始，到他弄清楚實際發生了什麼事，時間之短，讓你還來不及得意一下！

## 橡樹嶺傳奇

我在羅沙拉摩斯碰過一些很特別、很有趣的問題，其中一個是跟田納西州橡樹嶺實驗室的安全問題有關。羅沙拉摩斯是負責製造及裝置原子彈的地方，但橡樹嶺則負責將鈾二三八、鈾二三六及鈾二三五分離開來。鈾二三五是會爆炸的那一種。那時他們才剛開始從實驗中提取出一點點的鈾二三五，同時加緊摸索和練習相關的化學程序。將來他們會建一座大工廠儲存鈾，此外他們也會把已經提煉過的鈾拿來再提煉，以供進一步加工。提煉程序有很多道，因此他們一方面在練習，另一方面從實驗中取得微量的鈾二三五，學習分析方法，以斷定樣品中鈾二三五的含量。而雖然我們已經把步驟說明送去，他們仍沒法把握住要領。

最後沙格瑞（注六）說，唯一的辦法是讓他跑去橡樹嶺，看看實際工作狀況。軍方人員說：「不行，我們的政策是，羅沙拉摩斯的資料必須留在羅沙拉摩斯。」

橡樹嶺的人根本不曉得那些東西是做什麼用的，他們只知道自己該做些什麼。我的意思是，那裡的高層人士當然知道他們在分離鈾，但他們完全不知道原子彈的威力有多大，或者是它的實際運作原理。而底下的人呢，根本不曉得自己在做什麼，軍方人員也很想維持現狀。兩地之間根本沒有資訊的流通。可是，沙格瑞堅持說橡樹嶺的人老是沒有把分析做對，再這樣下去整個計畫都會泡湯。終於他獲准跑去橡樹嶺，去看看他們的工作情形。在那裡他看見，工作人員用手推車推著一大桶綠色的水走來走去，那是硝酸鈾溶液。

他說：「呃，這些溶液經過再提煉之後，你們也是這樣推來推去嗎？」

他們說：「當然是這樣搬，為什麼不可以？」

「它不會爆炸嗎？」他說。

「嗯！爆炸？」

於是軍方人員說：「你看！我們不應該讓任何訊息洩露出去！現在他們全都不高興了！」

實際的情形是，軍方的確了解造一顆原子彈需要多少材料——二十公斤左右，不過他們覺得，在廠房內不可能出現這麼多經過提煉的鈾原料，因此絕對不會有危險。然而他們不知道的是，在水中，中子運行速率較慢，但因此「效力」更加強大。在水裡，只要十分之一——不，百分之一的原料，就足以引起反應，造成放射性，危害周圍的人。這絕對是很危險的，但他們從來沒有注意過相關的安全問題。

歐本海默迅速以電報向沙格瑞下令：「檢查全廠。按照他們的工作程序，注意材料集中之處。同時我們會計算可以把多少材料放在一起而不致引起危險。」

兩組人立刻展開計算。克利斯帝那一組計算水溶液，我的小組則計算材料製成粉末

注六：沙格瑞（Emilio Gino Segré, 1905-1989），原籍義大利的美國物理學家，一九五五年發現反質子，一九五九年諾貝爾物理獎得主。

及裝箱後的情形。按照原來的計畫，克利斯帝會跑到橡樹嶺告訴他們情形如何。現在情勢已十分危急，我們必須派人過去。我把計算所得的數據全交給克利斯帝，輕鬆愉快的跟他說：「什麼數據都齊全了，去吧。」但克利斯帝卻突然得了肺炎；結果變成要我去。

我從來沒坐過飛機。另一件新鮮事是，他們把機密藏在一個小東西裡綁在我背上！那時候的飛機有點像公車，只不過車站跟車站離得比較遠而已，偶爾飛機還會「停站」等候。

在等飛機時，有個傢伙站在我旁邊，手裡拿著一條鍊子晃來晃去，一邊嘮嘮叨叨：「這些日子，沒有優先權的人大概都拿不到機位。」

我忍不住了，說：「我不知道，我是有優先權的人。」

過了一會，他又來了。「有些將軍要來坐飛機，我們大概會被放到第三順位了。」

「沒關係，」我說：「我是第二順位。」

我經常想，那傢伙後來大概寫信給他的眾議員；如果他本身不是眾議員的話。他會寫說：「戰爭期間，他們幹嘛給這個小子第二順位？」

總之，我安全抵達橡樹嶺。到達的第一件事，我要他們帶我去廠房看。一路上我默不作聲，拚命的看。我發現情況比沙格瑞報告的還要嚴重，因為儘管有時他注意到某個房間內堆了很多箱子，他可沒注意到在隔壁房間內，即同一面牆的另一邊，也堆了很多箱子，但這樣一來，箱子還是放得太近，到了某一個量時，便會發生危險。

我仔細的檢查了工廠每個角落。我的記憶力並不算好，但每當我全神貫注工作時，我的短暫記憶倒是很好，因此我記下來一大堆古里古怪的東西，例如編號九○－二○七的建築等。

當天晚上，我在寢室裡檢討整件事情，弄清楚哪裡是危險地帶，應該採取什麼補救措施。事實上那並不困難，只要在水溶液中加進鎘，把中子吸收掉便可以了。另一方面，他們也可按照某些規定，讓箱子不要放得太密集，便不會有危險。第二天我們將舉行一個龐大會議，討論相關事項。

在我離開羅沙拉摩斯之前，歐本海默對我說：「在橡樹嶺那邊，韋伯以及某某、某某都是深切了解技術問題的人。舉行會議之前你必須確定這些人全部列席，這樣當你告訴他們如何確保安全時，橡樹嶺的人才不會搞錯。」

我說：「假如他們沒有列席呢？我能怎麼辦？」

他說：「那麼你就說：『羅沙拉摩斯無法承擔橡樹嶺的安全問題，除非……！』」

我說：「你的意思是，我這個小人物理查，跑到那邊說除非……？」

他說：「是的，小理查，你就那樣做。」

我長得真快呢！

到達會場時，沒錯，工廠的大人物和我希望會列席的技術人員都在場了，甚至許多將軍以及對這些問題有興趣的人也來了。這是個好現象，因為如果沒人關心這些問題，廠房到最後會爆炸的。

負責照顧我的是一名中尉森瓦特。他告訴我，上校說我不應該告訴大家中子如何運作等細節，因為他們要把一切分得清清楚楚，以便管理，因此只要指示他們如何確保安全便夠了。

我說：「我認為，除非他們明白一切如何運作，否則單要他們服從一堆規則，是件不可能的事情。我認為唯一可行的做法是告訴他們細節。羅沙拉摩斯無法承擔橡樹嶺的安全問題，除非他們充分了解一切如何運作！」

這句話有效極了。中尉把我帶去見上校，重複了我的話。上校說：「給我五分鐘。」後走到窗口，站在那裡沉思。那是他們最在行的事情了——做決定。我覺得，像原子彈如何運作的資料應不應該在橡樹嶺內流傳之類的大事，居然要在五分鐘內、居然能夠在五分鐘內做出決定，實在是非常的了不起。我對這些軍方人士實在佩服萬分，因為不管有多少時間，我還是無法做任何重大決定。

五分鐘後他說：「好吧，費曼先生，講吧。」

會議開始，我告訴他們一切關於中子的詳情，這裡有太多中子了，你們必須把東西分隔開，鎘可以吸收中子，慢中子比快中子作用更大……等等。這些在羅沙拉摩斯全都是最基本的常識，但這些人卻從未聽過，因此在他們心目中，我竟然成了天才！

結果是，他們立刻成立各種小組，進行計算和練習怎麼做。他們重新設計廠房內部，把原來設計廠房的建築師、相關的營造商、工程師以及化學工程師全都找來，一起設計新廠房，使材料分隔開來。

他們要我數月後再跑一趟。因此當工程師完成廠房設計後，我再到橡樹嶺，這次是看看新近設計好的廠房。

可是，工廠還沒蓋呢，我要怎麼個看法？我不知道，在橡樹嶺，無論我走到哪裡，都必須有他們的人陪伴在旁。這次，森瓦特中尉帶我去一間大辦公室，裡面有兩位工程師以及一張很長很長的桌子，上面鋪滿了設計好的廠房藍圖。

我在中學時學過機械繪圖，但看藍圖我並不在行。他們把藍圖攤開來，向我逐步說明，以為我真的是個天才般。他們開始說了：「費曼先生，我們希望你能了解，廠房是這樣設計的。你看，我們必須避免發生的是材料過量堆積。」例如，有蒸發器的地方就會出現問題。蒸發器會積存材料。如果它的閥門卡住了或別的地方出了毛病，材料累積太多，就會爆炸。這兩位工程師向我說明，在新設計裡，任何一個閥門卡住也不會發生什麼事故，各部分起碼都有兩個閥門。

接著他們說明整個運作原理：四氯化碳從這裡進來，硝酸鈾從這裡流到這裡，往上，往下，沿著管道跑到上面的樓層，咕嚕咕嚕——走過一整疊的藍圖，下——上——下——上；他們說得飛快，解釋的又是十分十分複雜的化學工廠。

聽得我頭都昏了。更糟的是我又看不懂藍圖上的符號究竟代表些什麼！有個正方形、中央有個小十字的符號，在藍圖上隨處可見。起先我以為它代表了窗口，但不，它不可能是個窗戶，因為它不是都位在建築物的邊緣。我很想問他們這到底是些什麼。

你們大概也陷進過這種沒有適時發問的窘境之中。如果一開始就發問，便什麼問題也沒有了，可是他們現在說的已經多了那麼一點點，我也猶疑太久了。如果你問他們到底在說什麼，他們會說：「為什麼不早問？白浪費了我這麼多的時間？」

我怎麼辦呢？我靈機一動：也許它真的是個閥門呢。我指著第三頁藍圖上其中一個神祕的十字符號，說：「如果這個閥門卡住，會發生什麼事情？」心裡預期他們會說：「這不是閥門，先生，這是個窗口。」

他們之中的一人看著另一人，說：「嗯，如果這個閥門卡住了……」對著藍圖從上看到下，從下看到上，另一個工程師也從上看到下，從後面看到前面，然後他們互相對看，轉過頭來看著我，嘴巴張開，好像兩條驚嚇過度的魚一般，說：「你說的完全正確，先生。」

於是他們捲起藍圖離開，我們一起走出房間。一直在旁的森瓦特說：「你真是個天才。上次你在廠房內走一趟，第二天早上隨口提起第九〇－二〇七號建築的C－二一號蒸發器，我就覺得你是個天才了，」他說，「但剛剛你的表現是那麼的傑出，我很想知道你是怎麼做到的？」

我告訴他，我要做的是弄清楚那是不是個閥門。

## 帶領童子軍上戰場

在羅沙拉摩斯，我曾經著手研究過的另一個問題是這樣的。當時，我們要處理很多計算，而我們使用的是瑪燦特計算機。讓我順便談談那時羅沙拉摩斯的景況：瑪燦特計算機是手搖式的，你用力推，它就能加減乘除，當然沒有現在的計算機那麼方便。它們全是機械裝置，經常發生故障，壞了要送回原廠修理，而隔沒多久所有計算機都在廠裡，我們就無機可用了。於是我們有些人便開始把機蓋掀開，動手修理。按照規定這是不行的，他們說：「自行掀開機蓋者，後果概不負責……」但我們自行把機蓋掀開，而且還學會了怎樣修理這些計算機，修得愈多，手藝愈精。當我們碰到一些太複雜的狀況時，我們就把計算機送回原廠去，但許多簡單的問題我們就自行處理，一切計算工作才得以繼續進行。最後我發現，所有計算機都是我在修，負責機械修理的那位仁兄卻都只在修打字機。

總之，後來我們覺得最大的問題——「準確算出原子彈爆炸時究竟會出現些什麼狀況，從而知道釋出多少能量等等」，所需要的計算工作遠超過我們的能力。有個姓法蘭科（Stanley Frankle）的聰明小伙子想到，也許可以使用ＩＢＭ計算機來進行這方面的計算。那時ＩＢＭ製造了用於商業上的計算機，像把數字加起來並把總和列出的「加數機」，或者是從你插入的電腦卡片上，讀出其中兩個數字來相乘的「乘數機」。此外還有「校勘機」和「排序機」等。

法蘭科想出一套很好的方案：我們可以在同一房間內放很多的這類機器，然後讓卡片逐一通過這些機器。今天，任何需要做數值計算的人都會明白我在說什麼，但在當時這還是一種很新的想法，還沒幾個人想到用機器做大量計算。之前我們試過利用加數機做過類似的計算，例如放一台加數機在那裡，加完一些數字後走到另一台加數機那裡，進行下一步的計算，所有事情都自己來。

但新方案是首先你走到加數機那裡，再走到乘數機，再用加數機，等等等等。我們都意識到這是個很好的方法，於是法蘭科設計好整套程序，跟ＩＢＭ訂了機器。

這些機器經常需要維修，軍方也會派專人來修理機器，但他們總是姍姍來遲，而我們永遠是匆匆忙忙，每件事都十萬火急，這次也不例外。我們已經設計好所有計算程序，乘這數，然後這樣，再減那個數等，也弄清楚需要哪些工具，但我們沒有任何機器來測試這些想法。終於我們找了一些女孩子來幫忙。我們給她們一人一部瑪燦特計算機：這個負責乘數，下一個負責加數，另一個負責立方——她的工作就是算出卡片上數字的三次方，再交給下一個女孩。

我們把整套程序從頭到尾一遍一遍的演練，直到正確無誤。結果發現，這種分工計算的方法，要比單獨一個人從頭算到尾的方式快了不知多少倍！而我們這套作業方式的速度，就相當於使用ＩＢＭ機器時的速度，唯一的分別是ＩＢＭ機器不會疲倦，一天能連續三班不停工作，可是我們的女孩沒多久就全累倒了。

總之，我們用這方法把作業系統內的缺點全糾正過來，最後機器也送到了，但維修工人還是沒有出現。這些機器屬於當時的最新科技，結構十分複雜，體積龐大，是拆開分件裝箱送來的，還附了很多電線和說明如何安裝的藍圖。法蘭科、我以及另外一個傢伙一起跑去把它組裝起來。我們碰到不少困難，可是最大的困難，反而是那些大人物不停跑進來說：「你們會把它弄壞！」

我們繼續把機件裝置好，它們有時操作良好，有時候卻因為什麼地方弄錯了，便出問題。後來我在弄一部乘數機時，注意到裡面有一個零件彎曲了，但我不敢把它弄直，因為害怕把它弄斷。而他們一直都在嘮叨，說我們早晚會把什麼東西搞砸。終於，維修工人出現了，立刻把我們沒有弄對的機件一一裝妥，一切就都運作良好，除了那部我一直沒法弄好的乘數機。三天之後，維修工人還在跟那最後一部機器掙扎奮鬥。

我跑去看他，說：「哦，對了，我有注意到這裡有點彎曲。」

他說：「噢，當然，就是它了！」他用力一扭，機器全好了，就那麼簡單。

至於法蘭科呢，這個「程式」是他發明的，這時卻跟所有後來的電腦使用者一樣，患上了電腦病。這是種很嚴重的病，甚至干擾到正常工作的進行。電腦的麻煩，在於你會跟它「玩」。它們是那麼的有趣，所有的控鈕都在你掌握中，你這樣弄會得到某個偶數，那樣弄就是奇數——不久之後，只要你夠聰明，能算的東西便愈來愈多。

可是也是不久之後，我們的系統卻崩潰下來了，法蘭科沒有專心工作，便沒用心督導其他人。計算系統運行得很慢很慢，而他卻坐在房間內，思考如何能讓列表機自動算出角度的反正切值！好了，列表機開始動作，畫出一行行的線，發出嚓嚓嚓的聲音，一邊畫一邊計算積分值，然後把所有角度的反正切值列出來，一次完成。

這是絕對沒用的事情，因為我們早已有反正切函數表了。但如果你用過計算機，你就會充分了解這種病——發現自己有多能幹的喜悅。這是他第一次感染上這種病症，好笑的是，那套系統卻剛好是這個可憐蟲創造出來的！

終於，他們要我停下手邊工作，負起督導ＩＢＭ小組的責任，我就很小心不要染上那種病。雖然九個月以來他們只解決了三個問題，小組成員的素質卻很高。真正的問題是，從來沒有人告訴他們任何事。軍方透過稱為「特遣工程師」的計畫，從全美各地把這些具有工程才能的高中生挑出，送到羅沙拉摩斯來，安排他們住在營房裡，卻什麼也不告訴他們。

這些年輕人就這樣開始上班了，他們的工作呢，卻是在這些ＩＢＭ機器的卡片上打洞，計算一些他們不知所為何來的數字。因此他們的進展非常慢。當下我建議，這些技術人員必須知道我們究竟在做什麼。於是歐本海默跑去跟安全人員商討，獲得特別許可，我便給他們好好的講了一堂課，他們全都興奮極了：「原來我們在參加作戰！我們明白這是怎麼一回事了！」現在這些數字對他們別具意義了。如果計算出來的壓強值較高，那麼被釋出的能量也相應增加……。他們充分明白自己在做什麼了。

他們簡直是脫胎換骨了！大家開始發明新方法把工作做得更好，也改良了整個系統。他們更為自動自發，晚上加班工作，完全不需要任何監督。事實上，現在他們什麼也不需要了，因為他們明白一切，後來甚至還發明了幾套很有用的程式。

這批小伙子真的變得很了不起，而從頭到尾，我要做的只不過是告訴他們這究竟是怎麼一回事。結果，雖然前面他們花了九個月才完成三個問題，我們後來卻在三個月內解決了九個題目，效率幾乎提升了十倍之多！

不過，我們有很多祕密武器，其中之一是利用不同顏色的卡片。我們的作業方式，是一大疊卡片需要繞場一周。先加，再乘，就那樣走遍房間的每一部機器，進行得很慢，一圈又一圈的繞。因此我們就想到將另一組不同顏色的卡片放進計算循環中，但這組卡片跑得比前面一組稍微慢一點，這樣一來我們可以同時進行兩三項計算。

不過這也給我們帶來麻煩。舉個例子，戰爭接近尾聲、就在我們要在阿布奎基正式試爆之前，大家面對的問題是：究竟爆炸時會釋放出來多少能量？不錯，我們計算過各種不同設計所釋出的能量，可是我們從來沒有就最後採用的那種設計，來計算到底會有多少能量釋放出來。克利斯帝跑來跟我說：「我們要知道這東西會怎樣爆炸，希望一個月內拿到計算結果。」確切的時限不記得了，也許是三週，總之是很短的時間。

我說：「這是不可能的事。」

他說：「看，現在你們一個月差不多交出來兩個問題，那等於說兩、三星期便可以解決一個問題啦。」

我回答說：「我知道。不過我們實際花在一個題目上的時間不只那麼短，只不過我們用平行的運算方式而已。整個操作過程很費時，我們也沒辦法跑更快了。」

他離去後我開始想，到底有沒有辦法加快運算速度呢？假如我們全力處理一個問題，所有機器不受其他干擾，結果會怎樣？我在黑板上寫：「我們做得到嗎？」向這些小孩下挑戰書。他們開始高喊：「可以，我們多輪一班，我們加班工作！」他們不停的叫：「我們要試！我們接受挑戰！」於是我們約法三章：其他計算一概暫停，我們全力以赴，只處理這個題目。大家立刻開始行動。

## 愛妻阿琳走了

那時候，我太太阿琳正患了肺病，病情實在嚴重，看起來隨時會出什麼狀況。因此我預先跟宿舍裡的一個朋友商量好，有急需時便借用他的車，好能夠迅速趕到阿布奎基去看阿琳。我的朋友名叫福斯。後來發現原來他是一名間諜，他就是用他的車子把羅沙拉摩斯的原子彈機密帶到聖塔菲去，但當時沒有人知道這些事。

緊急情況發生了，我開了福斯的車，路上還載了兩個搭便車的，以防萬一途中車子出了什麼問題，也可有個幫手。果然，我們才開到聖塔菲時，一個輪胎就破了。他們兩人幫我一起把備胎換上。而當我們要離開聖塔菲時，另一個輪胎也破了，我們只好把車子推到附近的加油站。

加油站的人正在修理另一輛車，看來要等很久才會輪到我們。我根本沒想到要說些什麼，但這兩位乘客跑去跟加油站的人說明了我的狀況。很快他們就替我換上新輪胎。但我們再沒有備胎了。在戰時，車胎是稀有物資，取得不易。

離阿布奎基還有三十英里，第三個輪胎爆了，我乾脆把車子停在路邊，大家一起攔便車，走到目的地。我又打電話給修車廠，請他們把車子拖去修理，一方面趕去醫院看阿琳。

在我抵達醫院數小時後，阿琳去世了。護士進病房來填寫死亡證明書，然後離開。我陪著阿琳又過了一會兒，無意中看到我送給她的鬧鐘。那是七年前的事情了，當時她才剛感染上肺病。在那些日子裡，這種數字鐘算是很精巧的東西，它利用機械原理，能夠顯示數字。由於結構極為精巧，因此很容易故障，隔不多久我便需要動手修理一下，但多年來我還是沒把它丟掉。這次它又停擺了——停在九點二十二分上，剛巧是死亡證明書上記下的時間！

記得在麻省理工念書時，有一天在兄弟會宿舍裡，無緣無故的心血來潮，覺得祖母去世了，緊接著電話鈴聲突然響起，不過電話不是打給我的，祖母還健在。這件事讓我印象深刻，經常惦著也許有一天別人告訴我結局相反的故事。我想那也很可能碰巧發生的，畢竟那時祖母已經很老了。當然，如果真有那樣的事，很多人會認為是種超自然現象。

阿琳生病期間一直把那只鐘放在床邊，而它卻剛好在她去世的那一刻停頓。我明白，那些對這類事情疑信參半的人，在這種情況之下不會立刻去研究事情的真相，會認定沒人碰過那時鐘，事情無法解釋。而鐘確實停了，這確實可以算是一件驚人的超自然案例。

不過我注意到房間燈光很黯淡，我甚至記得護士曾經拿起鐘來，迎著光以看清楚一點，那很容易就把它弄停了。

我到外面走了一會。也許我在騙自己，但我很驚訝，自己竟然沒有感覺到一般人在這種情況下應有的感覺。我並不愉快，但也沒有覺得特別難受，也許那是因為七年來已有心理準備這件事早晚會發生。

我不曉得如何面對羅沙拉摩斯的朋友。我不想別人愁眉苦臉的跟我談這件事。回去的路上又爆了一個輪胎，回去之後，他們問我發生了什麼事。

「她過世了。工作進行得怎麼樣？」

他們立刻明白，我不想鎮日沉埋在哀傷裡。很明顯我對自己做了些心理建設：正視現實是那麼重要。但我必須明白發生在阿琳身上的是怎麼回事，以致一直到好幾個月之後才哭出來。那時我在橡樹嶺，剛巧路過一家百貨公司，看到櫥窗內的洋裝，心想阿琳會喜歡其中一件，不禁悲從中來。

等我重新投入計算工作時，發現情況一團糟。那裡有白色的、黃色的及藍色的卡片。我說：「你們不是應該只做一個題目嗎？只能做一個題目！」他們說：「出去，出去。等一下再讓我們說明一切。」

原來事情是這樣的。卡片通過機器時，它們有時會出錯，又或者數字打錯了。從前碰到這種情況時我們都得重來一遍，可是他們發現，在某一輪計算中出的錯誤只會影響到鄰近的數字，下一輪計算中它也會影響到某些數字，以此類推。例如，你一共要處理五十張卡片，第三十九張發生錯誤，而影響到第三十七、三十八及三十九這三張卡片，到了下一循環，受影響的卡片是第三十六、三十七、三十八、三十九及四十等五張。然後，錯誤就像瘟疫般蔓延開來。

有一次他們發現前面出了錯誤，想到一個辦法。那就是只重新處理在錯誤前後的十張卡片。十張卡片通過機器所需的時間，要比五十張少多了，因此當那「有病」的五十張卡片還在跑的同時，他們讓這十張快速通過，然後再把正確的卡片插回去，一切便回復正常了。十分聰明。

他們就用這種方法加快速度。事實上也別無他法了，如果他們碰到錯誤就停下來補救，進度一定落後。當然，你現在該知道，就在他們忙得不可開交時發生什麼事了。他們在藍色的一疊卡片內發現有錯，因此他們加進一小疊黃色的卡片，它們比藍色的一疊運行得快多了。而正當緊要關頭——弄完這個錯誤他們還要處理白色的卡片時，我這當主管的跑進來了。

「不要來煩我們，」他們說，我再也沒去煩他們。一切順利，我們如期繳出答案。

## 我愛大師，更愛真理

剛開始時我只是個無名小卒，後來我當了小組長，因此見過一些偉大人物。一生之中最令我振奮的經驗之一，就是碰到這些光芒四射的物理學家。

當然，其中包括了費米（注七）。有一次他專程從芝加哥南下，要幫忙我們解決疑難問題。那時我在研究一個題目，也得到了一些結果，可是牽涉到的計算十分複雜困難。通常我是這方面的高手：我總能夠預測答案會是什麼，又或者解釋為什麼會得到某些答案。可是這個題目太複雜了，我簡直無法解釋為什麼得到那樣的答案。

注七：費米（Enrico Fermi, 1901-1954），原籍義大利的美國物理學家，用中子輻射法產生新的放射性元素，以及在這研究中發現慢中子引起的核反應，一九三八年諾貝爾物理獎得主。費米也是一九四二年十二月在芝加哥大學進行、世上第一次受監控核反應實驗的負責人。

我們舉行了會議，告訴費米我的困難，然後開始描述我得到的結果。他說：「等一下，在你告訴我答案之前，讓我先想想。它應該是如此這般（他對了），然後因為這樣跟這樣，答案便變成這樣這樣，最明顯的解釋是……」

他在做的就是我最在行的事，但他比我高明十倍。那真是印象深刻的一課。

還有就是偉大的數學家馮諾伊曼（注八）。我們經常在星期天一起散步。通常在附近的峽谷中，同行的還有貝特及巴查（Robert Bacher），那是很愉快的經驗。馮諾伊曼教會了我一個很有趣的想法：你不需要為身處的世界負任何責任。因此我就養成了強烈的「社會不負責任感」，從此成為一個快活逍遙的人。大家聽好了，我的不負責任感全都是由於馮諾伊曼在我思想內撒下的種子而起的！

我也跟波耳（注九）會過面。那時候，由於受到德國納粹的威脅，他化名為尼可拉斯・貝克；跟他一起流亡的兒子吉姆・貝克，事實上是奧格・波耳（注十）。他們從丹麥跑來，都是大大有名的物理學家。對很多大人物而言，老波耳就像上帝一般偉大。

他第一次來時，我們開了一次會，大家都想一睹偉大波耳的風采，因此很多人都來了，我們討論了原子彈的問題。我坐在後面的某個角落。他開過會後就走了，而我從頭到尾都只能在眾多腦袋瓜的隙縫裡看到一點點而已。

他第二次要來開會的那天早上，我接到一通電話。

「喂，是費曼嗎？」

「我就是。」

「我是吉姆．貝克。」是他兒子，「我父親和我想跟你談談。」

「跟我談？我是費曼，我只是個……」

「沒錯了。八點鐘可不可以？」

於是，就在早上八點，大家都還沒起床之際，我跑去跟他們會面。我們跑進技術區的一間辦公室，他說：「我們在思索怎樣可以令原子彈威力更大，我們想到這些這些。」

我說：「不，這行不通。這沒有效……」嘩啦嘩啦等等。

他又說：「那麼這跟這呢？」

注八：馮諾伊曼（John von Neumann, 1903-1957），原籍匈牙利的美國大數學家，計算機理論發明人，被許多人認為是電腦的創造者之一。

注九：波耳（Niels Bohr, 1885-1962），丹麥物理學家，以拉塞福的原子模型為基礎，提出氫原子結構理論（引入量子數 n，提出電子以循圓形軌道，以傾斜方式繞原子核旋轉），並研究原子輻射，一九二二年諾貝爾物理獎得主。

注十：奧格．波耳（Aage Bohr, 1922-2009），丹麥物理學家，發現原子核內集體運動與粒子運動的關連，據此發展原子核的結構理論，一九七五年諾貝爾物理獎得主。

我說：「聽起來好像比較像樣，但這裡頭包含了這個笨主意呢。」我們又反覆檢討很多想法，反覆爭論。偉大的波耳不斷點他的菸斗，它卻不斷熄滅。他講的話很難聽得懂，咕噥咕噥的，不容易明白。小波耳講的就易懂多了。

「好吧，」他最後說，一邊又在點菸斗，「我想我們可以把那些大人物請進來了。」波耳父子把其他人叫來，一起討論。

後來小波耳告訴我究竟發生了什麼事。上次他們來訪後，老波耳跟他兒子說：「記得坐在後面那小伙子的名字嗎？他是唯一不怕我的人，只有他會指出我的荒謬想法。下次我們要討論什麼時，單找這些只會說『是，波耳博士』的人是不行的。讓我們先找那個小子談談。」

在這方面我總是笨笨的。我總是忘記在跟誰說話，而只是一味擔心物理上的問題。如果對方的想法差勁，我就告訴他那很差勁。如果他的想法很好，我就說很好。就那麼簡單，這就是我的做人處事方式。我覺得那樣很好，很愉快——大前提是你要做得到。我很幸運自己正是這樣的一個人。

## 唯一肉眼目睹原子彈試爆的人

我們的計算做完之後，接下來就是試爆了。那時候阿琳去世不久，我請了個短假在家，有一天收到通知：「某某日，嬰兒便要出生。」

我立刻坐飛機回去，抵達營區時，巴士正要離開，於是我直接跟大家到離試爆地點二十英里的地方等候。我們有一具無線電，而理論上他們會告訴我們原子彈將在什麼時候引爆，可是無線電壞了，因此我們根本不知道外面發生什麼事。不過就在試爆前數分鐘，對講機又好了，他們說對我們這些離得較遠的人來說，大約只剩二十秒了，其他人在較近的地方，離開只六英里。

我們每人發了一副墨鏡，以供觀看試爆之用。墨鏡！在二十英里之外，再戴上墨鏡還能看到什麼鬼？我在想，一般亮光是不會傷害眼睛的，唯一能傷害眼睛的大概只有紫外線。我坐在卡車的擋風玻璃後面，覺得這樣便能看得清楚同時又兼顧安全，因為紫外線是穿不過玻璃的。

時間到了，遠處出現的強烈閃光亮得我立刻躲下來，在卡車的地板上我看到一團紫色的東西。我對自己說：「不對，這只是眼睛內出現的餘留像。」再度抬起頭來，看到一道白光轉變成黃光，又再變成橘光。在衝擊波的壓縮及膨脹作用下，雲狀物形成又散去。

最後，出現了一個巨大的橘色球，它的中心是那麼的亮，以致成了橘色，邊緣卻有點黑黑的，慢慢上升翻騰。突然你明白，這是一大團的煙，充滿了閃光，火焰的熱力則不斷往外湧冒。

前後大約過了一分鐘。

這是整個從極亮變成黑暗的過程，而我全都看見了。我大概是唯一真正看著那鬼東西、後來稱為「三一角試爆」的人。其他人都戴上墨鏡，而在距離六英里處的人根本什麼都沒看，因為他們都依指示趴在地上。我大概是唯一用肉眼直接看著那次試爆發生的人。

大約一分半鐘以後，突然傳來「砰！」的一聲巨響，緊接著是打雷般的隆隆聲。那聲巨響比什麼都有說服力。在整個過程中，從頭到尾都沒有人講半句話，大家只默默的觀看，可是這聲音使所有的人都如釋重負。特別是我，因為從遠處傳來的聲音是那麼的厚實，證明它已完全成功。

站在我身旁的人問：「那是什麼？」

我說：「那就是原子彈了。」

這個人是《紐約時報》的記者勞倫斯（William Laurence），他的目的是要寫文章報導整件事情。按照原定的安排，我要帶他四周參觀，可是許多東西對他來說都太技術性了。後來史邁斯（見注二）來訪，我便改當他的嚮導。我們曾經跑進一個房間，裡面有個瘦瘦長長的支架，上面陳列了一顆鍍銀的小球。把手放在上面，你會感覺到一陣暖意，事實上它具有放射性，是顆鈽球。我們站在房門口聊天，談論這顆小球的意義。這是由人類製造出來的一種新元素，之前在地球上從沒出現過，頂多在地球剛形成時出現過一下子。而眼前就有完全分離出來、具備放射性等特性的鈽。這是我們製造出來的，它可說是個無價之寶。

我們一邊談話時，下意識會做一些動作。當時他也無意間輕踢門墊（防止門猛然撞上牆壁的襯墊）。我就說：「是呀！這個門墊跟這扇門實在很配。」門墊是個直徑十英寸的黃色金屬半球——事實上，這是純金的。

事情是這樣的。我們需要了解中子打到不同物質之後，有多少會被反射回來。我們測試過許多材料，像白金、鋅、黃銅，也測試過黃金。實驗結束後留下了好些碎金塊，也不知是誰出的聰明主意，把碎金熔成一顆大金球，做為鈽球陳列室的門墊！

試爆成功以後，羅沙拉摩斯充滿了興奮的氣氛。到處都有派對聚會，大家跑來跑去，我還坐在吉普車後座，一邊打鼓。但只有威爾遜獨自坐在那裡悶悶不樂。

我說：「你幹嘛這麼憂鬱？」

他說：「我們造出來的怪物太可怕了。」

我說：「但這都是你開的頭，你還把我們拖下水呢。」

你看，對我來說，或者對我們來說，開始時我們都有極充分的理由說服自己參與這工作，然後我們拚命努力完成使命。這是一種快樂、一種刺激，你會停止思考，明白嗎？很單純的不去想其他事情。在那一刻，只有威爾遜在思考整件事情的衝擊。

那以後不久，我回到文明世界，在康乃爾大學教書，剛開始時我有一種很奇怪的感覺。我不太能夠理解為什麼會那樣，但當時的感受非常強烈。我坐在紐約一家餐館裡，看著窗外的建築物，就開始想，投在廣島的原子彈炸毀的半徑有多大……從餐館到三十四街又有多遠？……那麼多的建築，全都化為灰燼。我不停的想。在路上走著時，看到有人在蓋橋、築路，我又會想，他們都是神經病，什麼都不懂。幹嘛還要蓋新的東西？一切都是白費工夫而已。

而白費工夫的日子又繼續了差不多三十年了，對不對？事實上我的想法錯了，蓋橋並不是白費工夫的事，我很高興這些人有遠見，繼續往前邁進。但是，當我跟這東西再沒有任何瓜葛之後，我的第一反應是製造什麼都是沒什麼用的。謝謝！

## 無師自通的開鎖英雄

問題：你那些保險櫃的故事呢？

費曼：喔，關於保險櫃的故事多得是。如果你給我十分鐘，我會告訴你三個保險櫃的故事，好不好？我之所以會動手弄開檔案櫃、撬開鎖把，動機慢慢變成我個人對於這些東西的安全性產生了興趣。有人告訴過我如何將鎖撬開。後來他們弄來這些檔案櫃，櫃子上有數字組合式的鎖。我有一種毛病，我這一生的各種毛病之一，是碰到任何神祕的東西，都想把它解開。因此，那些檔案櫃上的鎖，由摩士勒保險櫃公司製造的鎖，每個人都有這種櫃子，櫃子裡頭放的都是我們的文件——對我而言，這代表了一種挑戰：究竟要用什麼鬼方法才能把鎖打開呢？

於是，我努力研究，再努力研究。各種關於開鎖的故事都會談到，你怎樣可以感覺到開鎖的數字、聽聲音辨別等等。不錯，我都明白，非常明白，但那是對舊式保險櫃而言。在新的設計裡，當你嘗試把鎖打開時，什麼方法都碰不對數字盤。我不會談太多技術細節，但所有的舊方法都行不通。

我讀了一堆鎖匠寫的書。鎖匠寫的書一開頭總是說他們怎樣把鎖打開，談他們的偉大事蹟，譬如有個女人在水底，有個保險櫃在水裡，而那個女人快溺斃了，而鎖匠就把鎖打開了。我不知道，居然有這些瘋狂的故事。到了書的後面，他們會告訴你，他們究竟是如何做到的，但總是不告訴你一些比較明智的方法，聽起來不像他們真的用那些方法來打開保險櫃。比方說，單憑對保險櫃主人心理的了解，來猜測鎖的密碼組合！所以，我一直認為他們留了一手不告訴別人。總而言之，我不斷研究，就像得了什麼病般，停不下來，不斷研究這些東西，直到找出一些頭緒為止。

首先，我找出需要試的範圍有多大，要有多接近才行。然後我發明了一套方法，有系統的嘗試所有需要試的組合。結果是需要試八千組號碼，因為我發現只要轉到每個正確數字左右兩個刻度的範圍之內便行了，因此一百個數字中只要試五的倍數便行了，五、十、十五、二十等。於是盤上一百個數字中就有二十個這樣的數字，就是說一共有八千種組合（20×20×20）。

接著我發展出一套次序，如果找到一個號碼之後，可以繼續找其他號碼，而不會動到已經確定的號碼。正確的轉動數字盤，在八小時內就可以試完所有的組合。後來我進一步發現，這花了我大約兩年的工夫做研究——我在那裡沒事幹，你知道，我盡在那裡東弄弄西弄弄。終於，我發現了一個簡單的方法，就是當那個鎖是開著的狀態時，很容易弄清楚數字組合的後兩碼是多少。要是抽屜已經被拉開，那麼你可以轉動那些數字，看著鎖栓跳上來，再看看它的結構，轉到什麼數字時，鎖栓又會跳回去等等。只需小施技巧，就能找出整組數字了。於是我更加拚命練習，像個職業賭徒練習洗牌一樣，你們知道，從早到晚，從早到晚。

我愈來愈快了，也愈來愈謹慎，我會跑進某些人的辦公室，跟他說話，順勢靠到他的檔案櫃上，就跟我現在玩弄手上這只手錶一樣；你甚至不會注意到我在幹什麼。我沒在幹什麼，我只不過在玩鎖上的數字盤，就這樣而已。但事實上，我在找出那兩個數字！之後我就跑回自己的辦公室，將兩個號碼寫下來，寫下三個號碼的後兩個。而如果你已掌握住後兩個號碼，只消一分鐘便可以試出第一個號碼；因為一共才剩下二十個可能性，鎖就打開了，很簡單吧？

如此這般，我就因開鎖而大大有名。他們會跟我說：「蘇姆茲先生出城去了，但我們需要他櫃子裡的一份文件，你有沒有辦法將它打開？」我就會回答：「可以呀，我有辦法打開；但我要先拿些工具。」可我根本不需要什麼工具。我跑到我的辦公室裡，看看蘇姆茲保險櫃的密碼。我辦公室裡早已記下所有人的檔案櫃密碼。拿了個螺絲起子插在後褲袋，以代表我宣稱的所謂工具之後，我跑回去蘇姆茲的辦公室內，將門關上。我這種態度的意思是，開保險櫃這種事不是每個人都應該懂的，因為這樣會使得每件事都很不安全，讓每個人都知道怎樣開鎖是十分危險的。所以我關上門，然後坐下來讀讀雜誌或做點什麼的。平均我會花個二十分鐘什麼也沒做，然後才打開它。你曉得，唔，我將它打開，確定一切沒問題之後，就在那裡坐上二十分鐘，這樣我的名頭才更響。這件事並不容易，其中絕無花巧，絕無花巧。接著我就走出房間，好像流了點汗般，說「打開了，替你們打開了」之類的話，就這樣。

還有一次，我真的是完全意外的打開一把鎖，那次事件對我的名聲有推波助瀾的功效。那是一種感覺，純粹憑運氣，就跟我看藍圖時一樣的好運氣。大戰早已過去，現在我可以告訴你們這些故事。戰後我回去羅沙拉摩斯將一些論文寫完，在那裡，我又開過一些保險櫃。我可以寫一本書，比任何一本談開鎖的書都更精采。書的開頭會敘述我怎麼樣在完全不知道密碼組合的情況之下，打開保險櫃，櫃子裡頭裝的是「比任何被打開過的保險櫃所裝過的機密都更機密」的東西。我打開的保險櫃裡頭，裝著原子彈的祕密，所有的機密，方程式、鈾的中子釋放率、製造一枚原子彈需要多少鈾、所有的理論、所有的計算，整個鬼東西都在裡頭！

事情就這樣發生了。曉不曉得？當時，我在寫一份報告，我需要這份報告。那是個星期六，我以為大家都在上班，我以為這還是以前的羅沙拉摩斯。於是我跑去圖書館找這份東西。羅沙拉摩斯的圖書館蒐藏了所有的文件，館裡有一個很大的儲藏室，門上有一個很大的鎖把，我對這種鎖一無所知。檔案櫃我懂，但我只不過是個檔案櫃專家而已，而那裡還有守衛拿著槍巡來巡去，根本就沒辦法撬開那道門，知道嗎？

但我想，等一下！在解密部門的狄霍夫曼，他負責文件的解密。現在輪到哪些文件可以宣告不再是機密呢？狄霍夫曼得要跑到圖書館又跑回辦公室，次數之多，他覺得厭煩極了。於是他想到一個聰明絕頂的好主意，他把羅沙拉摩斯圖書館裡每一份文件都影印下來，塞在他的檔案中，他一共擺了九個檔案櫃，一個接著一個排著，占了兩個房間，櫃子裡頭塞滿了羅沙拉摩斯的文件，而我知道他那些安排。那麼，我就找狄霍夫曼，跟他借那些文件吧，他都有影印本。我跑到他的辦公室。門是開著的，似乎他很快就會回來，燈也亮著；看起來他隨時會回來。於是我在那裡等他。

跟往常一樣，我一邊等，一邊撥弄那些抽屜柄。我試了一〇－二〇－三〇的數字組合，沒打開。我又試了二〇－四〇－六〇，沒打開。什麼都試過了，我還在等，沒事可做。然後我開始想，你知道，那些鎖匠都那個樣子，我從來沒試過用那些聰明方法將鎖打開。也許他們也沒這樣做到過，也許他們說的有關猜人家心理的部分是正確的。我要用心理推測的方式來打開這個鎖。首先，書上說：「祕書都很害怕會忘了數字組合。」也許她會忘記人家告訴她的密碼組合，而且她的上司也許也想不起來，她必須知道密碼是什麼。因此她會慌慌張張的把它寫在某個地方。在哪裡呢？有一長串的可能地點！

我開始找了，最聰明的就是一開始便這樣找：你打開她的辦公室抽屜，沿著木頭邊找，看看抽屜外面有沒有一些好像不經意寫下來的數字，看來似乎是些什麼帳單的號碼，那就是密碼了。好，在桌子旁邊，對吧？這些我都記得，全都寫在書中。辦公桌抽屜是鎖起來的，但這很簡單，我三兩下就把它打開，再打開抽屜，沿著木頭邊上看過去，卻是啥也沒有。不打緊，不打緊。抽屜裡有很多紙張。我東翻翻西翻翻，終於被我找到了一張很漂亮的小紙片，上面寫滿了希臘字母，$\alpha$、$\beta$、$\gamma$、$\delta$等等，很小心仔細寫下來的希臘字母。當大家談到、用到這些字母時，祕書們都要懂得怎樣寫那些字母，以及怎樣唸出聲，對不對？因此她們每個人都抄了一份這樣的東西。但卻好像漫不經心的，在頂端處寫了一行，寫的是 $\pi = 3.14159$。

喔，為什麼她需要知道 $\pi$ 等於多少呢？她又不需要計算什麼東西！於是我走到檔案櫃那兒。真的，我說真的，對不對？就跟書裡講的一模一樣。我只不過在告訴你們這是如何做到的。我走到檔案櫃那裡，三一－四一－五九，打不開。一三－一四－九五，打不開。九五－一四－一三，打不開。一四－三二……二十分鐘內，我把 $\pi$ 的數值轉得天翻地覆，啥也沒發生，我只好走出辦公室。但我記起書中談到心理推測的部分，我便說，你曉得嗎，這是正確的。從心理上來說，我是對的。狄霍夫曼就是會用數字常數來做為保險櫃密碼的那種人。那麼，另外一個重要的數學常數是 e。於是我再度走到櫃子前面，二七－一八－二八，卡嚦，卡啦，它應聲而開。

順便一提，我檢查了一遍，所有保險檔案櫃的密碼組合都一模一樣。噢，還有很多其他的類似故事，但時間已經很晚了，剛剛說的也是個很好玩的故事，那麼讓我們就此打住吧。

（編注：關於費曼開保險櫃的故事，在《別鬧了，費曼先生》一書第三部的〈開鎖英雄惜英雄〉一章，有更多、更完整的趣事。）

# 第四章

# 科學文化在現今社會扮演的角色

## ——對於科學家之責任的主張

此篇文章是一九六四年費曼在義大利，
出席伽利略四百週年冥誕紀念研討會時發表的演講。
內容對伽利略偉大的事業與著作，加以肯定，
也對伽利略在世時精神上所承受的極端痛苦，表示關懷。
費曼順便談到科學對宗教、對老百姓、對哲學的重大影響，
並且警告我們，
未來的文明將取決於今天我們懷疑的能力。

我是費曼教授，今天跟往常不太一樣，穿了西裝上講台。我通常都是習慣穿襯衫演講的，今天早上在旅館準備來這兒的時候，我老婆說：「你一定得穿套西裝去！」我說：「但是你清楚我演講向來就只穿襯衫的。」她說：「不錯。只是這一回你壓根兒搞不清楚你要講的東西！你最好穿像樣一些，給人家一個好印象……」所以我就把西裝穿上了才來。

我今天的題目，是伯納第尼（Bernardini）教授交代要我講的。在開始進入正題之前，我先要聲明一件事，我認為找出科學文化在現代社會中的適當地位，跟解決現代社會問題是兩碼子事。這世界上有一大堆各式各樣的問題，壓根兒跟科學在社會裡的地位扯不上半點關係。因此若是以為決定了「怎樣能夠讓科學跟社會搭配得很理想」，就可以解決所有問題，實在無異於痴人說夢。

所以我希望大家了解，雖然待會兒我會建議一些改善其間關係的方式，但是我並不期望這些改變會成為社會問題的針砭。

## 思想控制是社會最大危機

我們這個現代社會似乎正面臨好幾個極嚴重的威脅，其中之一是我要拿來當作今天演講內容的中心主題，這個主題還另外附帶一些小的項目。我要講的主題就是我相信，目前社會的最大危機之一，乃是「思想控制」觀念的復活與擴展，這個觀念就是像以往希特勒時代有過，史達林活著時有過，也是中世紀歐洲的天主教庭，或是今天的中國大陸仍存有的。我所認為最大的危險，就是這個觀念將繼續擴大，直到整個世界沉淪之後才會停止。

其次在談到科學與社會的科學文化之間的關係時，每個參與討論的人都會馬上想到的第一件事，當然也就是最明顯的事，就是科學的應用。各式各樣的應用本來就是人類文化的一部分，不過這回我卻不準備談各種應用，倒不是因為我有什麼特殊的好理由，只是我覺得這個科學與社會關係的議題，無論你找什麼人來討論，幾乎都不免會圍繞著應用上打轉。尤其若是談論的內容偏重於科學家作為上的道德問題，那就更好像非涉及應用不可的樣子。

既然如此，就實在不需要我也來插上一腳，湊熱鬧重複。其實在這個大題目下，還有好些個其他不同的議題，以往談論的人不是那麼多。所以主要為了新鮮討趣，我故意把今天的討論方向略為調整了一些。

不過，我還是免不了要說幾句關於應用的話，就像大家都知道的，科學經由它的知識創造出一股力量，一股做事的力量。也就是在你對某些事物有了合乎科學的了解之後，你就變得更有能力去做成功一些事情。但是科學在賦予人們力量的同時，並沒有附加任何指示，說明如何利用這股力量去為善，或是為惡。換句話說，力量上沒有附帶任何條件，而應否把一些科學付諸實用，主要得看應用的方式是否把可能的危害減到了最小，把利益擴充到了最大。

但是當然每有危害產生時，我們就會聽到，研究科學的人說這不是他們的責任，因為危害是來自力量，這跟如何去利用這力量，應該是獨立的兩回事，沒啥關係。但是大家心裡都有數，這怎會沒關係呢？科學在為人類創造控制力量之初，可能一切動機都是善意的，只是後來才發現，如何去控制這些力量只對人有益，而不流於濫用，實在是相當不簡單的事情。

## 美麗新世界？

我還想指出一點，那就是：雖說今天在座各位許多都是物理學家，自然會跟我一樣，從物理的角度來思考社會的嚴重問題，但我非常肯定的相信，跟物理學處境雷同，在應用上也感受到良心煎熬的另外一門科學，就是生物學。

如果我們認為物理學在這方面的問題，在科學界裡算是比較棘手的話，但要是和生物知識開發上的問題比起來，那可就是小巫見大巫了。那些可能發生的怪事，赫胥黎（Aldous Huxley, 1894-1964）在他那本著名的《美麗新世界》（*Brave New World*）小說中，影射出不少。不過任何人都能照樣想像到一些，譬如說，很久以後的將來，物理學經過長足發展之後，能夠隨時隨地取得免費能量。在能源不成問題後，剩下來的只是如何應用化學知識，把原子保存下來的能量用在原子的重組上，以製成食物。並且刻意使食物的製造量，跟人體排泄的廢物數量完全相等，因而達到物資守恆的境界，徹底解決了食物問題（食物不夠固然是問題，過多同樣也是問題）。

另一件事是，一旦我們發現如何控制遺傳，勢必成為嚴重的社會問題，因為我們不知道控制的結果是好還是不好。又再假定我們發現了，快樂或類似企圖心等各種感覺的生理基礎，從這個知識出發，我們可以研究出來如何能夠控制別人的感覺，隨我們的意思叫他勇於上進或是消沉頹廢。而最後，則是有關死亡的問題。

這世上有件最不尋常的事，就是在所有生物科學領域裡面，我們尚找不到任何線索，告訴我們為何死亡有其必要。如果有人問，永恆運動是否可能，我們研究物理的人已經發現了足夠的定律，全都明白指出：這個永恆運動的願望根本不可能實現，否則所有這些定律都成了錯誤的！但是在生物學裡，還沒有任何一項發現指出，死亡有絕對的不可避免性。

我認為這個現象暗示我們，死亡本質上並非是不可避免的。所以永生不死似乎只是時間問題，要等多久我們不知道，但將來總有那麼一天，生物學家最終會發現，究竟是什麼問題導致非死不可，是因為一種可怕的普遍疾病呢？還是人體本身具有某種天生短暫的性質？只要知道確切的致死原因，剩下來的是針對原因，進一步找出補救辦法，諒必就不會太難了。所以你們可以想像得到，將來生物學會帶給我們許多意想不到的重要問題。

## 科學領域充滿奇觀

現在我要把話題岔開，改個方向。

應用問題之外，還有觀念問題。觀念可分為兩類，一類是科學本身的產品，也就是說，人們經由科學產生了對世界的看法。我認為這是從事科學生涯中最美麗的部分。有些人不以為然，他們認為科學方法才是最吸引人的地方。其實兩者沒啥了不起的區別，只是各人口味不同，別人沉迷於過場，我是喜歡看結局罷了。而且實際上，也唯有最後會有美妙結局出現的過場，才能吸引人，才不會叫人厭煩。

在座諸位並非一般聽眾，你們對科學上的奇蹟都不陌生，用不著我來給你們講些世界上的種種妙事，以激勵你們對科學的嚮往與熱忱。例如講，我們及周遭一切全都是由原子組合而成，我們的宇宙具有非常浩瀚的時空，以及我們在歷史長河中的地位只是一連串奇妙演化的結果等等。人類在演化歷程中的地位，甚至是其他我們科學世界觀的最顯著觀點，之所以有價值，因為它們是放諸四海皆準的——雖然這些觀點我們好像只對同儕、學生說，可是其實我們是想對所有大眾都這麼說。

我們研究物理的人對生物了解有限，不過據說生物學裡有個最具可能性的假說，它主張動物的所有行為，都可以根據原子的能耐，也就是物理學裡的種種定律，來作合理解釋。而且自從有此假說以來，凡是依據這個假說所推測出來的假想機制，後來都證明與事實若合符節，到目前為止，從未有過任何明顯的牴觸情況出現。由此可見，各個學門裡的知識學問，其實都是觸類旁通的。

許多人對此仍然不完全了解，總以為隔行如隔山。事實上，如今各種理論都已經相當完備，研究者都是在尋找理論上的破綻跟例外。至少在物理學領域裡，我們發現這種例外非常非常難找，整個世界不知已把多少精力，花費在尋找已知理論的例外上。除此之外，這個世界另一奇妙之處，就是一切都由同樣的原子組合而成，遠至天空裡閃爍的星星，近至我們身邊的牛羊以及我們自己，甚至地上的石頭，無一例外。

有時候我們面對一些非科學界的朋友，想跟他們談論這樣子的世界觀，但一涉及最近的熱門問題，譬如ＣＰ守恆（注一）的意義之類，通常就會遇到困難，無法繼續談下去，原因是對方連最起碼的基本概念都沒有。他們完全不知道，從伽利略（注二）時代以來，四百多年間，人們就一直在蒐集關於這個世界的各種資料。現在我們研究的東西都非常怪異，許多都是科學知識的尖端極限，而報紙上出現的科學新知報導，表面上讓成年讀者興奮莫名、充滿幻想，但事實上他們根本不可能了解報導的內容，因為他們沒有學到（科學家）所熟悉的前人發現。好在這對於年輕人來說，至少在他們成年之前，尚不是問題。

我要說的是，我想你們都從經驗裡知道，一般人，甚至可說我們社會裡絕大多數的人，真是既可悲復可憐，他們對周遭世界的科學一無所知，而且居然完全無動於衷。我這麼說不是說我很在意，而是覺得訝異罷了。所以偶爾他們看到報紙上提到ＣＰ，就不免問這是啥。今天既然我們談到科學跟現代社會之間的關係，我有一個有趣的問題就是：為什麼人們能夠維持這麼難以置信的幼稚，而仍然相當愉快的活在這個現代社會裡，同時又有這麼多知識與他們無緣呢？

附帶提一點，是針對「知識」與「奇觀」的，伯納第尼先生說：我們不應該教授奇觀，而應該教授知識。

可能是由於字義上各人的解釋不同吧，我卻認為教授大自然真相，應該以奇觀為主，而以相關的知識為輔。而教授知識的目的，是讓人們對奇觀驚奇讚嘆之餘，更能加以了解欣賞。而知識本身，只是把大自然奇觀加上正確的框架而已。雖然我們的主張似乎相互牴觸，但他很可能會同意，我不過是改動了幾個字義而已，細節上容或有些商量餘地，但在為人們解惑的主要立場上，我們應該是一致的。

不管怎麼說，在這兒我要回答這個問題：為什麼一般人是如此可悲的幼稚，而仍然能在現代社會中安身立命，不會遭遇到種種困難呢？答案是目前的科學跟社會並不息息相關。為什麼它們會沒啥關係呢？它們原來並非必須分道揚鑣的，而是我們讓科學跟社會脫節的，待會我將說明此點。

注一：CP守恆（Conservation of charges and parity），即電荷守恆與奇偶性守恆（宇稱守恆），這是物理學裡面的基本守恆律之一，它是說在一個交互作用的前後，全部的電荷及奇偶性總值不會改變。奇偶性是次原子粒子的內稟對稱性質。

注二：伽利略（Galileo Galilei, 1564-1642），義大利天文學家、物理學家及數學家，現代力學和實驗物理學創始人，最早用自製望遠鏡觀測天體，證明地球繞太陽旋轉，否定地球中心說，因而遭羅馬教廷宗教法庭審判。

# 什麼是科學方法？

在應用跟真相的發現之外，科學還有一些其他方面相當重要，也在跟社會的關係上出現了某些問題，那就是科學檢驗所涉及的觀念跟技巧，有人稱之為檢驗方法或手段。由於我很難理解，這些科學檢驗方法非常直接明顯，為什麼這麼遲才讓人發現？一些簡單觀念也是如此，只要稍微一試，任何人馬上就能明白是怎麼回事，可是以往芸芸眾生中，就是沒有人踏出那第一步。

這可能是因為人類的心智，原是從動物演化而來，而這演化的過程就跟發展其他新工具的過程沒有兩樣，免不了會遭遇到一些毛病和困難。人類心智發展的困難之一，就是它經常被自己的迷信給汙染了，因而老在兜圈子，故步自封，一直要兜到最後，總算理出了一些頭緒，讓科學家找出來一個確切的方向，然後循序漸進，才能突破堅持，才能有所發現。

我相信在這次紀念會上，談論這個議題非常合適，原因是伽利略時代正好就是歷史上這種新發現的開端。我所提到的科學觀念跟技巧，在座各位諒必不陌生，因而在此我將只概略敘述，如果換成一般聽眾，勢必得費一番唇舌才行。我之所以要把這些提出來，目的在讓各位比較清楚我所要講的內容。

頭一個議題是如何判讀證據，話雖是這麼說，其實真正更早的一件事，是在你開始蒐集證據之前，必須不知道答案。也就是說，你對什麼樣子的答案將會出現，應該毫無把握，也不具成見。

這個條件非常重要，重要到我不得不暫時把議題本身擱置下來，先談談這個條件。也就是具有疑惑跟不確定的心態，是開始的先決條件，因為如果你一開始就知道答案，那就沒有必要去蒐集證據了，不是嗎？所以唯有遇到事情搞不清楚，又有求知的意願，下一步就自然會去尋求證據，而科學方法就會隨著試探的開始而產生。

不過另外還有一條絕不應該忽略掉、非常重要、也非常鮮活的科學路徑，那就是把各式各樣的觀念集合起來，從已知的各種事實試著歸納出邏輯上的一致性來。通常非常有用的做法是，把兩件不相干的事物連接起來做比較，剖析其中各個方向上是否互有共通點，而此時選取的方向愈多，即剖析做得愈細緻，結果就會愈好。

在尋求證據之後，我們必須針對獲得的證據做出判斷。在判讀證據上，有些常用的規則，譬如不該只選取討人喜歡的證據。也就是對所有證據都必須一視同仁，儘量保持一些客觀態度，否則難免尾大不掉。另外絕對不要完全依賴權威，我們可以把權威看作對真理所在的一種方向指示，但不是證明真理的資訊。任何時候只要權威意見跟觀測結果相左，我們就應該拋棄權威意見。最後一點，實驗結果的紀錄必須出自「興味索然」

的方式。這的確是一個非常可笑的說法，也讓我說它的時候，多少有些渾身不自在的感覺。因為讓人乍聽之下，很容易以為是說做研究的人，規規矩矩、兢兢業業的，好不容易把該做的一切完成之後，卻完全不把結果放在心上！當然這句話不是這個意思，這兒的興味索然是指，實驗結果的報告內容必須就事論事，寫得平平實實，不能有任何誤導的企圖，使得閱讀報告的人得到與證據所指不符的觀念。

這些方面，在座各位都耳熟能詳。

## 如果伽利略還活著

而這一切，包括科學基本觀念跟技巧，都是伽利略信念的真諦。今天我們齊聚一堂，為的是紀念他的生日，伽利略對這一切的開發、擴展，貢獻不菲，更為重要的是他帶頭示範這種實事求是的科學精神與因之所獲致的力量。在他每回百年冥誕前後，總會有人受到啟發而想到一個問題，這第四個百年紀念當然也不會例外，這個問題是：如果伽利略仍然活在世上，看了這世界上的林林總總之後，會怎麼說呢？

當然你可能很不以為然，心裡連說：拜託！拜託！講些新鮮事吧，別盡炒剩飯成不成？那我就只有跟你說聲抱歉了。我們假設伽利略在這兒，我們帶他到各處去觀光、遊樂，看看他會發現些什麼，順便給我們一些建議什麼的，豈不很理想？當然我們為了表示由衷對他極度推崇，也為了讓他高興，不妨據實告訴他關於證據的問題，以及種種由他所開創的評鑑事物的方法，後人都已視為圭臬。至少在物理這門科學上，大夥兒忠實奉行無誤，諸如對同一件事物，不厭其煩的窮追不捨，無數次一再量測之類的。我們還要告訴他，自他在世以來，科學一直遵照他的原始信念與精神在求發展，目前成果跟進展規模均相當可觀，具體的偉大成果之一，就是巫師跟鬼魅已經退出了物理學。

事實上，我是想指出伽利略所領導採用的定量法，證明在科學發展上非常管用，而且幾乎已經成為今天科學的一種定義。當年伽利略專注研究的學科，諸如物理、力學之類，固然受惠於定量法而得到了長足進展，而他這個治學方法同樣也廣泛應用到其他學科中，如生物學、歷史學、地質學、人類學等等。經由非常類似的研究技巧，我們得以發掘出來許多有關我們人類、一切動物、甚至整個地球的過去歷史知識。由定量法所衍生出來的各式各樣系統，也應用到經濟問題的研究上，雖然基於經濟問題本身太過於錯綜複雜，人們始終未能找出一個放諸四海而皆準的完美系統，然而既有系統的成效非常不錯，已經實際幫忙解決了許多經濟上的問題。

但是，我不得不羞於見告伽利略先生，這世上仍然有不少方面，其間從事研究的人，除了口舌逞能之外，鮮有妥善規劃，只是一窩蜂的百家爭鳴。結果辜負了他的金科玉律，成績實在是乏善可陳，最糟糕的正是社會科學。我身為人師，那麼就拿教育當作一個例子吧。

我們都知曉，目前正在進行的教育方法研究計畫，簡直有如過江之鯽，尤其是研究如何才能教好算術這門課。如果你真想知道哪一種教學方法較好，你會發現如今表面上果然是一片洋洋灑灑，有層出不窮的研究方案、無數的統計數據，但是靠近仔細一瞧，它們卻是各說各話，一大堆互不相干的故事，叫人根本無所適從。所做的實驗裡面要不是根本沒有對照樣本，就是所採用的對照樣本水準出奇的差勁，無怪乎結果裡沒啥實際內涵，能從中得到的知識，只能以一語概括：貧乏之至。

## 這個不科學的年代！

至於捱到了最後，我還不得不介紹給伽利略先生的，是世界現況中最丟人現眼的部分，那就是如果把我們的眼光暫且從科學挪開，分點神看看我們周遭的世界，就會發現許多事情相當糟糕。總而言之，我們這些科學從事者所居住的環境，居然不科學到無以復加的地步。伽利略看了這裡的情形，很可能忍不住要發問：「我當年就已經注意到，木星是一個由好些個衛星繞行著的圓球體，而不是什麼天上的神祇。請你告訴我，我們那個時代的占星術士後來都怎麼樣啦？」

不瞞他老先生說，占星術士現在是每天把研究心得寫下來登在報紙上。至少在美國境內就是如此，無論哪份報紙都有，並且沒有任何一天例外。為什麼我們到今天還到處都是占星術士呢？為什麼有位姓氏以「維」開頭的俄國人，叫什麼來著？好像是維里科夫斯基（I. Velikovsky）吧！寫了一本《碰撞中的世界》（*Worlds in Collision*）的書，居然大賣特賣！另一位作家布羅第（Mary Brody）的無聊作品，也不遑多讓。我完全不了解它們暢銷的原因到底何在，只能說真是非常瘋狂。而這類瘋狂事情還多著呢！在在都顯示我們周遭環境，不科學到了家。

雖然如今似乎有些式微，但仍然有人在談論心電感應。信心治病則到處都可以見到，有人把它當作宗教本身看待。如今位於法國西南部的盧德（Lourdes）天主堂，不斷有治病奇蹟出現。我們認為，也許占星術有它的道理在。也許當你牙痛得去看牙醫時，選一個火星跟金星呈直角的日子，結果的確比其他日子去看會好些。也許盧德的奇蹟，一樣能替你治癒一些疑難雜症。但是如果確實有那麼回事，我們就應該去調查研究，為什麼呢？為的是要證明它的真實性。如果我們能夠百試不爽的證明它是真的，那麼我們就發現了星星的確能影響到人的生命。在求證時我們可以應用統計的方法，合乎科學檢驗證據的客觀態度，以及抽絲剝繭的無比耐心，讓獲得的結果可信度增加。

就拿盧德的治病奇蹟作例子吧，如果你跑到盧德大教堂，躬逢其盛，的確親眼看到有病患給治好了。那麼你應該問病人站的地方應該離開奇蹟多近，是非得站在祭壇上不可呢？一到了觀眾席上，奇蹟就不靈驗了？還是這奇蹟可以福澤廣被，任何人只要進得教堂大門，就能受到神的特殊眷顧？

最近美國出現一些地仙，其中有一位據說能夠間接妙手回春，醫治血癌，方法是從地仙那兒請回一些彩帶來（當然據說這些彩帶曾經接觸過這位地仙的遺物），放置在病人的床單上，就可以大幅增加病人痊癒的機會。如果真有這麼回事，我要問這些彩帶的效力是否會漸次淡化掉？你也許笑我，世間哪有人這樣認真的！不過你若是有一絲念頭不認為這種治病方法只是胡說八道的騙局，你就有責任去查證它的細節，且代為發揚光大，想辦法增進它實際的治病功效，讓病人確實得到更大的助益，讓病人覺得更心滿意足，而遠離被欺騙的那種感覺。譬如說你很可能從實驗中發現，這些彩帶在接觸過病人床單一百次之後就失效了。當然另外可能的結果，還包括了從你拿它來做實驗起，一次也沒靈驗過。

另外有件事一直讓我耿耿於懷，我就索性在這裡提出來與各位分享吧！那就是當代許多神學家在發表一些言論時，完全沒有羞愧的感覺。雖說另外還有太多的場合跟議題，他們的談論相當合情合理，完全無須感到不好意思。但是目前一些重要宗教會議中他們的某些發言，甚至接著必須做出的一些官樣決策，以當今的科學水準來說，簡直是荒誕不經跟貽笑大方的。

這兒我倒是想替他們打個圓場、做點解釋，他們之所以還能繼續如此大言不慚，可能有許多不足為外人道的難處，但是至少有一件難處或原因，是由於他們確實無知。他們不知道他們這種說法，若真的不是妄語的話，影響所及，已足以抵消人們數百年來發展科學的努力——無數科學家兢兢業業，一點一滴累積下來對世界的認知，也就被他們全部推翻。且不要說整個占星術的「異數」想法，即使其中任何一個區區小項目，若是有人能以科學方法證實的話，影響就會不得了，能使得我們已知的世界整個改頭換面。但是正因為科學家深知茲事體大，並且我們心目中對這世界的認知信心十足，確知這些怪談終究成不了什麼氣候，產生不了什麼影響，是故見怪不怪，把這些論調當作笑料，一笑置之。

但是從另外一個角度看，為何我們不積極一些，把這些不合科學的論調徹底拆穿清除呢？理由很簡單，就是我在前面提過，科學與占星術根本就是南轅北轍，不相容、不搭調的兩回事。因為科學一旦在乎占星術的話，就不可能維持科學之為科學。而反過來說，占星術又何嘗不是如此？此乃攸關整個「學術」的存亡，他們怎麼會輕易允許你打破飯碗呢？

## 科學道德淪喪

接下來我要談的，沒有上面所說的那麼嚴重，但我認為也非常重要，就是證據的研究、證據的報導。這可說是科學家互動上的一種責任，一種道德情操。

如何報導研究結果才算正確，而怎麼樣又是不對呢？一言以蔽之，就是要做到不偏不倚，也就是你得做到讓別人能夠清楚看懂你要表達的結果，卻儘可能不要把個人的好惡感情攙雜進去。這一點非常管用，因為唯有如此，科學家之間才能避開個人利害得失的羈絆，建立以就事論事為前提的互動關係，共同齊力為理念打拚。

因此你也可以形而上的認為這是道德上應有的態度，而這種道德，我絕對相信應該發揚光大。根據這項理念、或這個科學道德，就應該把宣傳字眼視為髒字。比方說甲國的組成人民來自乙國，凡是提及甲國時，就該據實稱它為乙國人民組成的甲國。至於甲、乙兩國之間有些什麼淵源，說話的人又跟甲、乙國各有什麼愛恨情仇，都不應該改用其他稱呼，或是另外加上一些形容詞。但是如今這種宣傳文字把戲，已經玩到比盧德的奇蹟更教人瞠目結舌的境地！又如商業廣告，對產品的說明還真是不符科學道德！這種不道德行為到處氾濫，已經深入我們日常生活，讓一般人司空見慣之後更喪失是非觀念，覺得睜眼說瞎話沒啥不對。而我認為，匡正這種風氣非常重要，此則有賴我們科學同仁多多與其他社會人士接觸，向他們說明，並提醒他們，不要讓靈犀被氾濫的資訊所矇蔽，或習慣於僅僅接受有趣的資訊而已。

還有其他方面也用得上科學方法，那是顯而易見的事情，卻愈來愈難以用言詞來討論說明。例如做各種決定。此處不是指做成決定之前的程序應該講求科學方法，那是猶如要求在美國，分秒必爭忙著賺錢的金礦公司，聽你的話坐下來算算術。那真是不顧現實、去強人所難。我指的是決定的下達，得合乎科學，別人才容易聽得懂、才很快就能進入情況。這倒教我回憶起我在讀大二的那年，那個年紀的男生當然對討論女人特別熱衷，我們發現如果借用一些電學上的專有名詞，諸如阻抗、磁阻、電阻等等，絕對不會搞成雞同鴨講。說的人很自然，聽的人更是心知肚明。

另一件讓科學家極端不喜歡的世事，是各式各樣選舉領袖的方式，這方面是天下烏鴉一般黑，沒有一個國家好到哪裡去。譬如今天在美國，兩個政黨都爭相雇用一些所謂公關，也就是廣告界人士，受過專門訓練，套用他們認為必須的事實跟謊言，來包裝製造出真相假象攪和在一起的形象「產品」，目的不外討好選民、贏得選票。其實最初的動機並不是如此，最初是請他們來當幕僚提供意見，參酌情勢製造一些口號的。這可是千真萬確的事實，美國歷史上有許多次政治領袖的選舉，勝負關鍵繫於一些口號。我確信如今兩黨各有數百萬美元的經費，準備花費在這樣的公關開支上，於是我們將會看到許多極富巧思的口號一一出籠。

我要講的還沒完，沒到做總結的時候。

## 科學家應該站出來

好幾次我都說科學是個不相干的東西，聽來似乎滿奇怪，所以我想回過頭來再談談這句話。當然，科學跟什麼都有關係，就連占星術也不例外，因為如果依照我們經由科學對這個世界真實情況的了解，我們就無法想像出，占星現象怎麼可能發生。從這個觀點來看，它們當然還是相干的。但是對一般相信占星術的人來說，兩者之間看不出有啥關聯，因為科學家從來不主動去跟他們分析兩者其實不能共存。同樣的，那些相信信仰能治病的人，也完全不用考慮那些方法究竟科學不科學，因為沒人會跑去跟他們理論。

如果你對科學沒興趣，不會有人拿把刀子架在你的脖子上，叫你非學不可。而本來學科學並不輕鬆，是件絞盡腦汁的苦差事，吃不了苦的人極易放棄，終於變成了科學文盲。目前芸芸眾生之中，放棄科學的比率非常高，以致科學文盲是這麼樣普遍。目前處處標榜高科技，卻同時到處充斥著不科學的神怪現象。但追根究柢，為什麼會有這麼多人放棄科學呢？因為我們學科學的人太過消極，事事因循苟且、見死不救的關係。我認為我們必須主動出擊，強力反擊制止一切我們不相信的事物。當然我們不能用人頭落地的方式，而是以講道理的辦法。

我相信我們應該要求人們在他們心坎內，試圖統一對所有世事世物看法的標準。避免把腦袋一分為四或一分為二，不同的區域用不同的標準。遇到一件事按照甲的說法，遇到另一件事又相信乙的說法，而從來不把甲和乙兩個說法放在一塊兒比較一下。我之所以如此要求，原因是經驗告訴我們，如果把同一事情的兩種不同看法放在腦子裡一塊比較，就能加深我們對事情的了解程度，並且還會幫助我們更加了解自己。而我相信一般人之所以認為科學無關緊要，是因為除非有人直接問上門來，我們這些科學從事者一般都是保持沉默是金的態度。別人請我們去演講，通常是要求我們向一些還搞不清楚牛頓力學的聽眾，去解釋愛因斯坦的相對論。而從來沒有人邀請我們，直截了當去拆穿信仰治病或占星術，或者甚至安排柔和一點的題目，像「科學對當前占星術的看法」。

## 科學家，您別客氣！

我認為我們必須鄭重其事，寫些通俗文章，讓相信占星術的人至少能得到一些天文學方面的知識，可以有機會把雙方比較一下。而使得相信信仰治病之流，也有機會了解到一些醫藥知識。因為任何人一旦生病，沒有不希望早日康復、去除病痛的。是應該去求神還是就醫，其實只是為了達到同一目標的手段選擇。如果兩邊都是未知數，難怪更多人會去選擇比較簡單省事的信仰治病方式。當然對病人來說，具有一些生物學知識總會有些好處。換句話說，我們必須讓一般人認識到，科學的確是有干係的。

有一回我不記得在什麼地方，看到有人發表言論說，只要不攻擊宗教，或是不跟教義有意過不去的，就是好科學。這是什麼屁話呀！不過正好透露出問題的癥結所在來，因為科學不攻擊宗教，大眾就不會注意到科學，也就沒有必要學習科學的任何內涵，以致大家誤以為科學除了一些實用價值外，可以完全跟現代社會脫節，成為可有可無、與其他東西無關的點綴。在這樣的一般心態下，即使我們現在決定一改初衷，積極起來，主動去向人們講解道理，匡正他們的錯誤看法，只怕難有立竿見影的效果。因為你要講的東西，他們找不出需要知道的理由嘛！

而反過來說，如果你採用激烈的挑釁攻擊方式，迫使他們不得不挺身出來保衛自己的看法，為了挑毛病反駁，他們不能不研究你的論點，也就間接達成你的目的：讓大家有個比較，不再由一言堂控制。所以我認為，如今情況之所以這麼糟糕，極可能就是壞在我們以往為人太厚道、太客氣了。這種對話在歷史上也曾出現過，那就是教會覺得伽利略的看法正面攻擊了教會。而今天的教會則不覺得科學界的看法造成任何痛癢。沒有人看不慣，沒人出面寫文章，來向大眾指出，神學觀點與科學觀點是如何的格格不入。甚至有時候碰到的一種怪現象，是在同一位科學家身上，他的宗教信仰跟科學信念之間矛盾百出。

## 保有懷疑的空間

接下來的議題，是我今天要談的最後一個議題，也是我認為最重要跟最嚴重的一個問題，而它是跟不確定和懷疑有關。

我們都知道，科學家對任何事物都不是百分之百確定的，所有我們發表的聲明，都不是針對問題做出斬釘截鐵的答案，而是一些近似的實驗結果，具有或多或少的不確定性。

舉個實際例子來說明，科學聲明裡一般得先告訴別人問題是啥，一般不作興問某某是真抑或是假，而應該問某某是真是假的可能各有多大。如果我們把這點正確的科學態度，運用到一個最普通的問題上，於是「上帝是否存在？」就成了「上帝存在的可能性有多大？」從宗教的觀點來看，這還得了！簡直是大逆不道嘛。而這也正好說明了，為何宗教的觀點不合科學。

在我們討論任何問題時，當然不得有任何成見或偏好，也就是必須預留下不確定性的空間，之後隨著證據的逐步累積，該問題涉及的觀念是對是錯的可能性也就發生消長。但是無論在什麼情況下，永遠不會成為一面倒，完全抹煞對方，變成全對或是全錯的結果。而且，我們發現這樣的態度是我們會進步的最重要因素。我們必須有懷疑的空間，否則就不會進步、不會學習。之所以沒有學習，是因為沒有問題，而唯有心懷疑慮，才會產生問題。

人一生都在尋尋覓覓，為的就是希望能確實掌握周遭事物。但確實掌握只是理想，事實上根本不可能達成。許多人每想到自己在懵懵懂懂過日子，就會害怕，這一點也不稀奇。甚至偶爾你會覺得信心滿滿，好像一切都罩得住，但實際上絕對沒那回事。幾乎你一生所有作為，全是一些依據零零碎碎知識湊合的急就章。絕大部分時間裡，你真是不知道自己究竟在做啥，這世界的目的何在，一大堆知識你都莫名其妙！總之，一個人愈是知道不多、學問不怎樣，愈是活得快活！

這牽涉到科學發展上最最重要的「懷疑的自由」問題。擁有懷疑的自由，是人們跟當年號稱無所不知、有組織的絕對權威，也就是教會，鬥爭之下的產物。而伽利略就是這個鬥爭的象徵，最重要的一位鬥士。雖說伽利略本人顯然屈服於教會的暴力，公開收回他原來的主張。但是人人都知道，他的懺悔根本不是真心的。我不認為我們應該師法伽利略，大家都昧著良心口是心非。事實上，所謂收回主張是非常愚蠢可笑的事情。在教會恣意要求之下，歷史上這種愚蠢的把戲一再上演。我們非常同情當年的伽利略，就像今天我們同情蘇聯境內，必須自我批鬥的音樂家、藝術家一樣。

幸運的是，最近這種迫害的發生數字，似乎沒有以往那麼多。無論權威自以為編導手法有多高明，公開悔改實質上毫無意義，對被害人是如此，對局外人又何嘗不是呢！我們並不認為伽利略的公開悔改，對他的人格節操有任何負面影響，充其量只是說明他當時年齡已大，而教廷當時操控著生殺大權而已。當然我們這段討論的重點，不在斤斤計較於伽利略最後做得對不對，而是他一貫試圖不接受思想箝制的精神。

## 夢想依然如故

當我們仔細觀察這個世界，並與我們心目中人類所具有的潛力做比較，就會發現既有成就的貧乏，使得我們不能不搖頭嘆息。歷史上在夢魘中的人，把一切希望寄託於他們的未來。如今的時間就是我們的未來，那麼我們的夢想呢？實現了沒有？我們看到一部分不但已經實現，還超過了他們的想像。但是更大部分卻依然故我，過去他們的夢想幾乎一成未變的成了我們的夢想。

過去有一段日子裡，人們非常熱衷於研究解決問題的種種方法。其中有人提出要讓教育普及，因為如此一來，人人都變得博學多聞、多才多藝，變成跟伏爾泰相彷彿的思想啟蒙大師，然後一切問題都會迎刃而解。教育普及基本上當然很可能是件好事，不過問題是你可以把人教好，卻也能把人教壞，可以教授真理，也可以拿真理當幌子，掛羊頭賣狗肉，教些似是而非的垃圾理念。

國與國之間的交往，依照科學發展方式邁進，則國際關係只應該愈來愈改善才是，但事實並非如此。關鍵在於打交道時交換的資訊是啥，大家可以都說實話，也可以爾虞我詐、鉤心鬥角、睜著眼睛說瞎話。你可以盡用一些威脅利誘的伎倆加諸對方，也可以心存厚道、相互體諒。

在應用科學方面，原本冀望科學可以大幅減免同胞的身體病痛、體力負擔。尤其像醫藥科技，表面上看起來，似乎一切只能往好的方向發展，是吧？但是就在我們談話的此刻，世界上一些隱蔽的實驗室裡，科學家正在竭盡所能，試圖製造出別人沒法醫治的疾病。

教育既然有這麼多隱憂，也許有人夢見，如果天下無寒士，先解決了大家的荷包問題，則人人都過得很滿意，就不會去製造其他問題了，是嗎？好像也不見得！我這麼質疑，並不表示我認為不應該這麼做。我也贊成人人都有足夠的經濟能力，衣食無缺。基於同樣不因噎廢食的道理，我也不反對教育，反對溝通，反對獲致經濟富足。但總覺得應該把它們定位在解決本身的問題，而不是希望它們變成萬靈丹，能一併解決其他問題。譬如我們從歷史上就看到，當某些地方的經濟滿意度到達一個了不起的程度後，問題顯然並未減少減輕，反而冒出一些新問題，但有些仍然是老問題，只是看起來不大一樣而已。

今天我們還不是非常富裕，至少我們不認為一切都很順遂如意。自古以來各時代的哲學家，都在尋找人類生存的祕密，尋覓世上一切現象的意義。因為一旦知道了生命的真正涵義，我們就可以把人類所有的努力、所有人類了不起的潛力，統統轉移到同一個方向上。那麼眾志成城，共同勇往直前，我們可以獲致更偉大的成果。

這樣的想法不是新鮮事，只是這個世界、人生、人類等等的意義問題，以往已有非常多人提出了非常多的答案。不幸的是，所有的答案都不一樣。不但各自不一樣，甚至主張一種答案的人見到別人的答案時會不寒而慄，直認為是洪水猛獸。之所以不寒而慄，是因為他們了解那種答案會帶來恐怖後果，因為人會被那種狹窄、無情的世界觀，驅趕到一條盲從的巷道之中。而也可能就是從這些大規模的恐怖經驗裡，我們看到了人的可畏而偉大的潛力。也正由於如此，我們更是希望能匡正許多事情的方向，讓這個世界變得更為美好。

## 政府權力應當受限制

所以，究竟整個世界的意義何在呢？我們實在不知道這一切為什麼存在。即使仔細研究了所有別人曾提出過的種種看法，我們對存在的意義仍然是一片茫然。不過這倒不是壞事，正由於我們承認對存在的意義沒有概念，可能因此發現另外一片天。

只要一直保持這樣沒有自限，則在進步的過程中，我們總能維持其他轉圜的機會。另外，我們也不會過於熱衷追求事實、知識、或絕對的真理，而是永遠保持著不確定的認知。凡事均抱著隨時有出差錯的心理準備，即所謂「危疑」的意思。英國政府就是順著這樣的方向發展出來的，英國人稱之為「混出名堂」（muddling through）。雖然聽起來相當幼稚跟愚蠢，實際上，這才是最科學的進步方式。選擇出一種答案來，這件事本身就不科學。為了繼續進步，我們必須不讓通往未知的門完全關死，還得留下一些縫隙。

我們還只是在人種發展的初期、人類心智以及智慧生命發展的初期，將來的日子還長得很。所以，不宜在這個時候就對這世界的一切做出決定來，反而成為了我們的責任。因為一旦決定下來之後，就得驅使每個人都朝向那一個方向，並告訴他們說：「這就是解決一切之路。」那麼我們今後的發展，就會被現有的想像力以鍊條鎖住，就只能做些現在認為應該做的事情。

但反過來說，如果我們總是留些懷疑空間、一些商量空間、然後歪歪扭扭、跌跌撞撞往前發展，就有如科學一路走來的情形一樣，上述這種自毀前程或遺珠之憾就不會發生了。

所以我相信，雖然現在也許時機尚未成熟，我希望將來會有一天，我們大家能了解到政府的權力應該有個限度。政府不應該有權去決定科學理論的正確性，因為責成政府去做這事非常荒謬。同樣的，政府也不應插手決定歷史事件、經濟理論、或甚至哲學該怎麼描寫。因為唯有在不受這些人為羈絆的條件下，將來人類才能把所有才智潛力完全發揮出來。

# 第五章

# 這下面空間還大得很呢！

## ——對於奈米科技的主張

這篇是一九五九年十二月二十九日，
費曼在加州理工學院對美國物理學會發表的著名演講。
這位「奈米科技之父」（father of nanotechnology，或稱毫微科技之父）
大幅領先跟他同時期的科學家，見著思微，
詳細預則到數十年後，科技界才開始長足發展的微尺寸化運動。

演講中費曼談到，如何把整部《大英百科全書》
印到一枚普通大頭針的「大頭」上，
如何把有生命跟無生命物體的尺寸，以驚人的幅度大大的縮小，
以及如何去潤滑一部比這頁書上的句點還小的機器。

費曼並藉此設下他有名的賭局，
以現金挑戰年輕的科學家，
去想辦法建造出一部真能運轉的超小型馬達，
規定它的長寬高任何一邊不得超過六十四分之一英寸，
即〇．〇四公分。

## 邀請大家進入物理學的新領域

我猜想，實驗物理學家一定都對最早發現低溫物理的開默林昂內斯（注一）非常羨慕。經由他的指點，科學家才注意到，低溫似乎沒有底線，可以一再往下降而永遠到不了終點。開默林昂內斯也因此一夕之間成為學術界的領袖人物，並在其後的一段時期內，一手主導這個全新領域的開拓工作。

布里吉曼（注二）早年在一次設法取得較高壓的實驗過程裡，無意中打開了一扇通往另一個新領域的大門。進入之後一直到今天，還繼續帶領大家在做這方面的研究。跟低溫研究的情況幾乎如出一轍，這個新領域的主要工作，就是不斷想辦法達到前所未有的更高真空。

我現在也要來談談一個物理領域，這個領域裡的成就，到目前為止還只能說是乏善可陳，但原則上卻有一大堆做不完的工作，值得我們去進行。這個領域有個跟其他領域不太一樣的地方，那就是它鐵定不會帶給我們許多牽涉到基礎物理的訊息，好比可以用來當作「這些古怪的粒子究竟是啥？」之類問題的答案。但它很可能會告訴我們，許多發生在相當複雜的情況下，非常有趣的物理現象。在這一點特殊性質上，它跟固態物理相當類似。此外它還具有最重要的一點是，將來它在科技應用上，可以說是潛力無窮。

這究竟是個什麼領域呢？我要談的就是在極微小尺寸下，要達到操縱、控制東西的目的必須面臨的各種問題。

每回當我提到這個議題時，就馬上會有熱心人士告訴我，所有關於縮小尺寸的努力現況，並且敘述微尺寸化如今已經到達怎樣的層次。譬如他們說，有的電動馬達已經做到只有小指頭的指甲那麼大，又另外據說市面上可以買到一種機械裝置，可用來把聖經馬太福音裡的禱告文寫在一根大頭針的圓頭上。但是這些公認為了不起的成就，跟我今天要講的比起來，根本還上不了檯面，充其量只能算是朝著同一個方向，最粗淺、最緩慢的一種「牛步」而已。

在它們的結構底下，還有一層小似一層的精微世界，等待著我們去發掘呢！將來等四十年過去之後，活在公元兩千年的人回過頭來看今天的我們，一定會覺得非常奇怪，不明白為什麼在一九六〇年之前，還沒有任何人認真朝這個方向研究呢！

注一：開默林昂內斯（Heike Kamerlingh-Onnes, 1853-1926），荷蘭物理學家，研究低溫下的物質性質，並製成液態氦，一九一三年諾貝爾物理獎得主。

注二：布里吉曼（Percy Williams Bridgman, 1882-1961），美國物理學家，發明超高壓壓縮設備，在高壓物理領域貢獻卓著，一九四六年諾貝爾物理獎得主。

我此刻想問：為什麼我們不能把一共二十四大本的《大英百科全書》（注三），整套書的內容全部抄寫在一根大頭針的圓頭上呢？

且讓我們瞧瞧，這項工作到底包含了怎麼樣的細節。大頭針圓頭的直徑大概是十六分之一英寸，約〇・一六公分，算是夠小的了。不過如果我們把它的直徑放大兩萬五千倍，圓頭的面積就跟《大英百科全書》全部書頁加起來的總面積一樣大了。因此我們必須做到的，不外是把書上所有的文字和圖像，全都縮小兩萬五千倍，就可以全部移轉到大頭針圓頭上了。

這樣做可能嗎？人眼一般的分辨能力極限大約是一百二十分之一英寸，約〇・〇二公分。這長度跟印製百科全書所用的細網目凸版上面的一個小點，直徑差不多。這一個人眼勉強可以分辨的小點，即使縮小了兩萬五千倍之後，直徑仍有八十埃（angstrom，一埃等於一百億分之一公尺），大約等於三十二個一般金屬原子排成一列的長度。換句話說，每一個經過這樣縮小之後的小點面積，仍然包含差不多一千個原子，所以即使是這樣小面積的一點，在照相製版過程中仍然可以從容調節大小。從以上的分析可知，大頭針圓頭上的確有足夠空間，可以放進整部《大英百科全書》的內容。

不過能寫上去，工程只算完成了一半，寫在大頭針圓頭上的百科全書還得能讀才行。先讓我們想像，那些寫在圓頭表面上的是凸出的金屬文字，也就是說，書中所有圖文被縮小了兩萬五千倍之後，只要是黑色部分，就變成圓頭金屬表面上的稍微凸出部分。那麼我們怎麼去讀它呢？

如果我們手上有了這樣寫好的東西，只需要用上一些現在已經相當普遍的技術，就可以讀了。等哪天我們真的寫出來的時候，無疑很快就會有人想出更好的閱讀方法來。但是為了免得別人笑我不實在，我想還是老老實實只用現在已知的科技，來說明我的觀點吧！我們會把凹凸不平的金屬表面，壓在一種塑膠材料上而得到一個塑膠模子，然後小心翼翼把這個塑膠模子剝下來，再把二氧化矽蒸鍍到塑膠模子裡，形成非常薄的一層薄膜，爾後把模子位置放斜，再把一些黃金蒸鍍到薄膜上去，由於有角度的關係，所有的圖文便會清楚顯現出來。最後，我們把塑膠模子用溶解方式去除，剩下的鍍金矽石薄膜，就可以透過電子顯微鏡來讀啦！

總結說來，只要我們能把百科全書的全部內容縮小兩萬五千倍，做成凸出的文字放在那根大頭針上，以今天已有的科技要去讀取，一點也不難。甚至，要從大頭針上複製也絲毫沒有問題，只需要把同一個金屬版再次壓向塑膠，就可獲得另一個複本。

注三：一九八八年譯者本人購置了一部，當時已龐然三十三巨冊，其後每年皆有增訂本出版，且分為數科，數年下來，家中總冊數已幾近加倍矣。

## 如何把字寫得很小呢？

接下來的問題是，如何才能把字寫得非常小？雖然我們現在還沒想好一套標準技術，但是在粗略研判估計之後，它並非像最初看起來那樣困難。比方我們可以把電子顯微鏡的透鏡倒轉過來，使得它的功能從放大變成了縮小。然後讓一種帶電離子，穿過這個具有縮小功能的電子透鏡，就會聚焦成一個非常細微的小點，我們就可以把那個小點當成筆來使。至於書寫方法，可以借用電視陰極射線管的方式逐線橫向掃描，另外加上一個調節離子數量的機制，決定掃描時各瞬間應該釋放出來的離子數量，也就是「寫」上去的輕重。

由於空間電荷受到限制，這套只用一個小點進行逐行掃描的方法，很可能太過緩慢而不切實用。不過我們可以想法子把它加快一些，有一個辦法是，也許我們先在一個屏幕上挖好許多洞，這些洞排列成所要的文字圖形，然後我們在洞後面激發電弧，驅使金屬離子穿過那些洞，再通過前述的透鏡系統，這樣就可以省些時間，一次把縮小了的金屬離子圖案沉積到大頭針上。

還有一個可能更簡單的方法，不過我不確定是否行得通：我們先讓光線反向通過一架光學顯微鏡，因而把一幅圖文聚焦在一個面積非常小的光電螢幕上，螢幕上照亮的部分就會有電子跑出來。這些電子經過反向電子透鏡的影像縮小過程，再直接衝擊到大頭針的金屬表面上。我不知道這樣的電子束衝擊力道，在合理的時間內，是否能在金屬表面上蝕刻出夠深的影像來？如果金屬表面太硬而不行，我們一定能找到其他某種表面，可以讓這種電子束刻劃出夠深的影像來。那麼我們就可以在原來大頭針圓頭上塗布一層這種表面，以便電子衝擊時能留下足夠的表面變化，使得事後我們能夠認得出差別來。

這種縮小設計不會有強度不夠的問題。在用電子顯微鏡放大影像時，常會遇到強度不足的問題，因為你用的只有少數幾個電子，放大之後就分散到愈來愈大的螢幕上。這裡所說的影像縮小設計剛好相反，從整頁書面得到光線，全都集中到一個非常小的面積上，所以強度變得非常大。前面提到的光電螢幕，光照亮部分跑出來的電子雖然為數不多，但經過大幅度影像縮小之後，出來的電子強度也是非同小可。如此說來，我實在不懂為何至今還沒有人研究過這方面的問題！

以上我們討論的只是把《大英百科全書》印在一根大頭針上，現在讓我們來考慮一下當今世界上全部的書籍。美國的國會圖書館藏書大約共九百萬冊，大英博物館圖書館約有五百萬冊，法國國家圖書館也有五百萬冊。當然這中間會有許多重複，在所難免。所以就讓我們隨便估計說，這世上值得一讀的書籍，就當它有兩千四百萬冊好了。

那麼如果我要以前述的微小尺寸，把所有這些書籍全印下來，會怎麼樣呢？總共得占用多少地方呢？這個簡單，二十四冊《大英百科全書》得用掉一個大頭針針頭的面積，那麼兩千四百萬冊書當然就得用掉一百萬個大頭針針頭的面積。把它們排列成一個方陣的話，每邊的長度是一千個針頭，算下來總共面積大約是二・五平方公尺的樣子。也就是說，我們從這些針頭上拓印下來的矽石複製品，後面有一張紙同樣薄的塑膠模子墊背，上面是全世界的書，總共會有多大呢？大概等於百科全書三十五頁拼起來的大小，也差不多相當於半本普通雜誌的版面。所以你可以把人類有史以來出版成書的所有資訊，全部載入一本小冊子，拿在手裡。裡面可不是用代號密碼之類，而是所有原件的忠實複製品，一點也不失真，只是尺寸上小了許多而已！

我們加州理工學院的圖書館小姐，現在為了總共十二萬本書，要找尋它們的下落，成天在校園各建築物中間跑來跑去。人們拿下架參閱之後等待歸回的書，在她辦公室裡從地板堆積到了天花板，圖書館裡一排排抽屜裡塞滿了圖書分類卡片，儲藏室裡也堆滿比較舊的書，反正忙得她不可開交。如果十年後的今天我告訴她，所有這些讓她忙得團團轉的資訊，可以全部存放在一張普通的借書證上面，你想她會說什麼？

再打一個比方，巴西大學的圖書館不幸遭到回祿之災，一夕之間全部藏書付之一炬。我們可以在兩天內送給他們一張複印單子，上面包括我們圖書館裡的每一本書。這張複印單子是從我們原有的底版壓印出來，整個過程用不到幾個小時，而寄去的信函不會比普通一封航空信更大或更重。

好了，我今天的講題是：「這下面空間還大得很呢！」而不只是「這下面空間」而已。前面討論的部分，我還只是證明了下面確實有空間，也就是我們能在實用方式上把東西尺寸縮小。下面我可是要向大家證明：空間還大得很！不過我不想討論我們將來會如何去做，而是把討論重點放在原則上什麼是可做的。換句話說，根據物理學定律，哪些事情是可能的。我可不是要發明什麼反地心引力的方法，那種事情在我們現在所知道的定律範圍內，根本不可能發生。我在下面要談的是在我們認為正確的定律允許下，可以去做的事，而不是僅僅為了新鮮好奇、以前未曾做過的關係。

## 關於微小尺度的資訊

假設我們在複製所有圖文的時候，不是依照原件的形狀來複製，而是只把資訊的內容轉換成點跟短線之類的符號，由不同符號代表不同的字母。每個字母若可由六至七個位元訊息來代表，也就是說，你需要六或七個點或是短線代表每一個字母。這樣有個好處，不像前面我說的那樣，只能把影像文字寫印在大頭針針頭的表面上；用符號的話，資訊的內含也一樣可以利用。

讓咱們用一種金屬的一個小斑點，代表上面所說點跟短線中的「點」，它隔壁若是「短線」，則由另一種金屬的一個小斑點來代表。假如保守一點，一個位元訊息需要以一個每邊五個原子的小立方體來代表，它裡面（五乘五乘五）一共一百二十五個原子。也就是說，我們需要用一百多個原子來代表一個位元，以確保它所代表的訊息不會因為擴散（diffusion）或其他操作過程而弄丟了。

我曾經估計過《大英百科全書》裡面一共有多少字母，此外我假設我所估計的兩千四百萬冊書，每冊都跟《大英百科全書》的一冊大小一樣，然後計算出總共的訊息位元數目大約是十的十五次方。又為了簡化，每一個位元就只算它一百個原子好了。最後的結果是多少呢？人類仔細累積在所有書本裡的全部資訊，可以寫在一個立方體的物質裡，這個立方體的邊長只有兩百分之一英寸，即〇・〇一三公分左右！跟人眼睛看得見的最小一粒塵埃差不多。所以你們看，我的題目並未誇大吧！「小」的裡面，乾坤還真是大哉！你們省省吧，請別跟我提顯微照相有多了不起，那可是差得太離譜啦！

當然囉！生物學家早就熟知這個事實：在非常非常小的空間內，能夠裝載極大量的資訊。這個事實解答了一個過去認為非常神祕的問題，那就是像我們人類這樣複雜的動物，一切有關身體組成的資訊，怎麼都存放在身體每一個細胞裡面？這所有資訊，包括我們是否有褐色眼睛、是否肯用頭腦，或者在發育的胚胎裡面，顎骨剛一生成時，邊上就留有一個洞，以便後來一根神經長出來的時候可以恰好穿過去。這所有的資訊全都包含在細胞內一個非常微小的部分裡面，以長鏈ＤＮＡ分子的形式做為細胞資訊符號，每一個位元的訊息大約是用五十個原子來代表。

## 需要更好的電子顯微鏡

如果我用符號寫了一些東西，就如同前面說過的，以五乘五乘五個原子代表一個位元。問題是：現在我該如何去讀這些寫好的東西呢？

就這種情況而言，目前的電子顯微鏡顯然不夠好，沒法派上用場。因為不管你多謹慎小心，花上多少功夫，如今的電子顯微鏡鑑別率最多只能到達十埃左右。這兒我應該指出，電子顯微鏡的鑑別率亟需改善一百倍，而這不是不可能，因為這跟電子繞射定律並不衝突。我們知道電子顯微鏡所用電子的波長只有二十分之一埃，所以透過電子顯微鏡，我們應該看得見個別原子。那麼能看清楚個別原子有什麼好處呢？

我們學物理的在其他科學領域，諸如生物學等，少不了有些朋友，我們經常喜歡調侃對方說：「你可知道為什麼你們老是不進步呢？」（事實上，我知道目前沒有其他任何學門，比生物學進展得更快了。）「你們應該學學我們，多使用些數學啊！」他們原本可以給我們一根指頭或什麼的，不過他們太客氣，不跟我們一般見識，沒有吭氣。我只好越俎代庖，替他們回答了吧：「你知道你們搞物理的應該做點什麼，幫助我們進步快一些嗎？去想辦法把電子顯微鏡改善一百倍吧！」

目前生物學上最中心跟最基本的困難是什麼呢？那包括了以下這些問題：什麼是DNA裡面的鹼基序列？突變是怎麼回事？DNA的鹼基次序跟蛋白質裡面的胺基酸序列有何關聯？RNA的結構又是如何，它是單鏈還是雙鏈？又它的鹼基排列次序跟DNA有啥關係？細胞質結構之一的微粒體（microsome）是什麼？蛋白質究竟是如何合成的？RNA最後跑到哪去了？它如何能待在同一個地方？蛋白質待在什麼地方？胺基酸從哪裡加入蛋白質序列？（注四）在光合作用裡面，葉綠素的作用、地位是啥？它是如何排列的？而類胡蘿蔔素（carotenoid）在裡面又擔任著什麼樣的角色？這個把光轉變為化學能的系統究竟是怎麼回事呢？

許多這類基本問題有個非常簡單的解決方法，那就是直接用眼睛去看呀！你可以觀察長鏈，發現它的鹼基組成次序。你可以看到微粒體裡面的構造。但是遺憾的是，目前的電子顯微鏡能讓我們看到的尺寸稍微粗略了一些。若是什麼能把它的效能改進一百倍，就可以使許多目前生物學所面臨的困難，變得容易對付得多。當然也許有些誇大，我想生物學家一定會非常感謝你，至少，提供比現有更好的電子顯微鏡比主張他們應該去多搞些數學，會受歡迎得多！

今天關於化學過程的理論都是根據理論物理學發展出來的。從這個角度考量，物理學實在是化學的基礎。但是化學有它自己的一套分析方法。如果你有一樣奇怪的物品而想知道它究竟是啥，你可以做一些既費時、又繁雜的化學分析。今天你幾乎可以藉著化學方法把任何東西分析出來，所以，看來似乎我的念頭轉得稍嫌晚了一點。不過物理學家只要願意，在化學分析遇到困難的地方，我們倒是可以比化學家發掘得更深入一些。面對任何複雜的化學物質，如果我們能夠「看得到」其中各原子的確切位置，那還用得著麻煩的化學分析嗎！這個便捷的理想方法很可惜現在還行不通，唯一作梗的就是現有的電子顯微鏡，比理想的差了一百倍。

待會我還要問另外一個問題：我們物理學家能否從旁協助，解決化學家的第三個困難，也就是化學合成？或者說，有沒有可能以物理辦法來合成化學物質？

電子顯微鏡之所以如此不理想，是因為透鏡的 f 值還只有千分之一，數值孔徑（numerical aperture）不夠大。而我也知道有些相關定理，可以證明用「軸對稱定態場透

注四：分子生物學在近幾十年進展快速，這些生物學難題幾乎都已經解答了。有興趣的讀者請參閱《DNA的語言》一書，天下文化出版。

鏡」能得到的最好 f 值就只有這麼多，所以現有的分辨本領已經是它理論上的最佳狀況。但是每一則定理背後，都一定有好些假設條件。譬如為什麼所用的場透鏡必須要對稱的呢？我要提出來當作大夥的一項挑戰：難道我們真的沒有辦法，把電子顯微鏡的放大倍率做得更大嗎？

## 奇妙得不可思議的生物系統

在微小尺寸上記載著大量資訊的生物學例子，給了我很大的啟示，叫我去思考一些應該有可能的事情。生物學不僅只是記載資訊，它還圍繞著這些資訊做了無數事情。生物系統可以非常非常小，猶如很多種細胞的體積都很小，但活力卻很強，除了能製造各式各樣的化學物質外，還會到處散步，自個兒擺動不停，並從事許多讓人驚嘆的事情。而全部這些都是以很微小的尺度在進行。此外，它們還儲存許多資訊，以備隨時隨地取用。試想如果有朝一日我們能夠依樣畫葫蘆，製造出像細胞一般小的東西，會遵照著我們的意願替我們做事，該是多麼有趣呀！

這種把東西製造得非常小的努力，不只是非常有趣跟極具挑戰性，甚至大有經濟上的價值。說到此處，讓我提醒你一件計算機器面對的問題。我們必須得在電腦裡面儲存極為大量的資訊。前面我曾提到的，用金屬沉積方式把圖文「寫下」的方法，得到的紀錄可以耐久不變。但對電腦來說，並不太實用。大家比較有興趣的是，寫上之後能夠塗抹掉再改寫上其他東西。這通常的原因，是我們不願意浪費寫過的材料，所以希望能重複使用。但是如果我們寫的東西超級的小，用不了多少地方，則能否重複使用影響不大，即使每次寫過之後就丟掉也沒關係，因為所費材料比雞毛蒜皮還小得太多。

## 把電腦尺寸縮小

我不知道實際上要如何做才能把電腦縮小，但是我知道現在的非常大，一部電腦要占用好幾間屋子。為什麼我們不能用細小的電線、元件等等，把它做得很小？

我此處所說的細小，是真正的細小，譬如電線的粗細，直徑應該只有十個或一百個原子排列起來那麼長，而電路的大小，邊長不過數千埃而已。每一位分析過電腦邏輯理論的人都會得到同一個結論，認為如果能把電腦做得更複雜數倍的話，電腦的能耐會變得非常有趣。而要是裡面的元件數目能增加為現有的數百萬倍的話，電腦很可能進步到可以自己下判斷做決定。它們還會有時間在實際運算之前的那一剎那，先計算出什麼是最好的運算方式來，還能夠根據以前做過的經驗，選擇一種比使用者所提供還要好的分析方法。而且在許多方面，更能具備品質上的新優點。

如果讓我看到一位熟人的臉，我會馬上認出來，告訴別人說，這張臉我以前曾經見過。事實上，朋友告訴我說，這個例子用得並不很恰當。不過至少我能馬上看出這是一張人臉，而不是一個蘋果。然而目前還沒有任何機器，能夠在你給它一張人臉相片之後，瞬間就告訴你：這是一個人嘛！當然更談不上能夠告訴你：此人正是前些日子，它曾「見過」的那人，除非你前後給它看的是同一張相片。只要這張臉稍稍有些變動，或者甚至臉完全沒變，只是照相距離變近或遠了些，照明光線有些不一樣，對人來說影響不大，仍然馬上認得出來是熟人，但機器便沒法子了。

之所以我腦袋裡的這部「小電腦」能夠很容易做到，而裝滿整間屋子的電腦卻做不到，原因是我這骨頭盒子裡裝置的元件數量，遠遠超過現有的「奇妙」電腦。追根究柢，癥結就是目前電腦元件尺寸太大，腦袋裡的元件跟它比較之下，要小了許多，而我想做到的就是縮小電腦裡的元件。

以現在的電腦科技水準，若要組裝出一部擁有人腦所具有的品質優點的電腦，該部電腦會跟美國國防部的整棟五角大廈一樣大。這麼大的電腦有幾個缺點，首先這麼大的傢伙得用掉大量特殊材料，世界上可能找不到足夠的鍺元素來製造它所需要的電晶體。其次是這玩意兒運轉時會產生的熱跟需要的電力，造成許多問題，也許需要億萬瓦特的電源。不過另一個更嚴重的實質困難，是電腦的運轉速率會因為尺寸太大而受限。由於資訊從一點送達另一點的速率，不可能快過光速，電腦的體積愈大，其中各元件的距離也就愈大，運轉速率無形中便慢了下來。所以若要電腦在短時間內做更多事情，跑得更快些，唯一的方向就是得把電腦做得小些。

前面我一直指出，我們還有非常大的空間，可以把任何東西製造得非常小，當然也包括各種電腦元件，以及電腦本身。我從物理定律看不見有任何理由，會阻止我們把電腦元件做得比如今的小許多許多倍。而且這樣子縮小還會帶來許多好處呢！

## 用蒸鍍方式達成微尺寸化

我們怎麼實施這種辦法呢？什麼樣的製造程序我們用得上呀？有一個可以考慮的可能，是利用前面談過的方法。我說過，可以把預先安排好的整幅圖文，聚焦「寫」到一個很小的表面上。我們可以循同樣步驟，用蒸鍍方式去寫。寫上一部分電路之後，緊接著蒸鍍一層絕緣物上去；在絕緣物上面，再寫上另一部分電路，再蒸鍍一層絕緣物。如此間隔著繼續蒸鍍下去。直到你得到一整塊東西，裡面具有所有應該要有的元件，線圈、電容器、電晶體等等，每樣東西都非常細小。

但是為了湊熱鬧逗趣，我還要談論其他一些可能。為什麼我們不可以援用製造大電腦的同樣辦法，來製造小型電腦呢？為什麼我們不可以照樣依次鑽孔、切割、焊接、模沖、塑造等等，只要儘量把東西做到非常小的極致？你還記得多少次逼不得已，想辦法修理一些很小的東西，譬如你太座的手錶，而被折騰得幾乎喪失耐性時，自言自語說道他：「如果我能訓練一隻螞蟻來做這事就好了！」哈！我在這兒要建議的，可還要更進一步，我要訓練螞蟻，來訓練塵蟎做這些事情。那麼你會問：製作出這些可以動的小不點機器幹嘛呢？它們可能真的派上用場，也可能毫無用處，但至少製作過程非常有趣。

現在讓我們隨便考慮一種機器，就拿汽車當例子好了：想像要如何製造出一部小得不能再小的汽車來。比方說，汽車有些特殊的設計，某些重要零件須得達到一定的準確度，否則汽車不能正常運轉。通常一般汽車所需要的準確度大約是每一英寸的誤差不能超過〇．〇〇〇四英寸，意思是說，車上一些重要運轉零件，像汽缸的形狀之類，跟原設計尺寸上的差異不得超過這個限度。一旦超過，車子至少無法跑得很順暢；差得更大，可能根本不能動。

不管尺寸如何改變，這準確度比值的要求仍然不變，所以等到零件做得太小時，我就不得不擔心原子的大小會影響它的準確度了。就好像我們用「球」串成圓似的，若是要串的圓跟球的相對尺寸太小，就變成鼓鼓囊囊的不成圓了。

如果我們把每一英寸的誤差不超過〇・〇〇〇四英寸，換算成誤差不超過十個原子的話，應該可以把汽車縮小個四千倍，縮小之後的汽車大約就是一釐米寬吧！很顯然，如果我們有辦法重新設計汽車，使得它的誤差容忍度大幅增加的話（理論上並非不可能），那麼新設計的汽車還可以縮得更小，而仍然能跟一般大小的汽車一樣運轉。

這樣大幅縮小了的機器會遭遇到什麼問題呢？首先，我們知道物體受到應力（壓強）相同時，所受到的力會隨著面積減少而減輕。所以在微尺度下，物體的重量跟慣性已經相對變得不再那麼舉足輕重了。換句話說，材料本身的強度相對變得非常大。譬如機器裡面的飛輪，會受到來自離心力的應力而發生膨脹，若是要維持這些力跟原來大尺寸機器裡的相同，則小機器的轉速必須以我們把尺寸縮小的比例來增加才成。

其次，所有我們現在使用的金屬，都具有晶粒（注五）結構，這種結構一旦碰到微小尺

注五：晶粒（grain），材料依原子的排列情況，可以分為三種：單晶體（single crystal）、多晶體（polycrystal）、非晶體（amorphous）。金屬在常態下大都是多晶體，是由許多微小的單晶體聚集在一起形成的，就好像保麗龍是由許多小保麗龍顆粒聚集成的一樣。多晶體中的每一個單晶體就是一個晶粒，每個晶粒的原子排列方向並不相同；晶粒與晶粒的交界處就稱為晶界（grain boundry），晶界大小與金屬材料的機械性質息息相關。至於非晶體材料，則是其中的原子排列雜亂無章，並沒有長程的排列規律。

寸場合，會叫人非常傷腦筋，原因是材料裡面各處材質不很均勻。塑膠跟玻璃之類的非晶態物質，比較起來則均勻得多，因而我們很有可能必須使用這些比較均勻的材料，來取代金屬，以製造超小型的機器。

在機器裡與電學性質有關的部分也會造成一些問題，這部分主要包括銅線跟磁性零件。小尺度的磁性跟大尺度的磁性並不一樣，這牽涉到磁域（注六）的問題。比方一個大磁鐵上有著數百萬個磁域，而極小的磁鐵上可能只有單一磁域。因此，涉及電學性質的部分如果單純依樣把尺寸縮小，不見得能同樣運轉，必須得重新設計才行。但我至少看不出有任何原因，會阻礙我們重新設計出可行的微電機來。

## 潤滑的問題

潤滑牽涉到一些有趣的重點，譬如潤滑油的有效黏性會隨著機件尺寸縮小（以及如果我們把速度儘量加快的話）而愈來愈高。如果我們不把速度加得太快，那可以改用黏性較低的煤油或其他一些液體當作潤滑劑，情況並不至於太壞。

實際上我們很可能根本不需要潤滑劑！在微機器裡的推動力是足夠的，不必藉潤滑來省力。唯一必須考慮的是過熱問題，例如軸承部分，一般都必須潤滑以免發生過熱讓機件受損。但我們不妨就讓它們乾轉，因為這種微機件所產生的熱，發散得非常非常快速，所以機件壓根兒不會發熱變燙。也就是這種超快速的散熱特性，使得在這種情況下，汽油根本不會自動引爆，因為到達不了燃點之故。所以普通內燃機一旦製造得太小，便無法點火運轉。這時我們就必須改用可在低溫下釋放化學能的化學反應，來取代燃燒汽油。或許用外面供應的電源對微機器來說，是最方便好用的選擇。

那麼這樣小的機器做出來之後拿來幹什麼呢？誰知道呢！當然，一部這樣小的汽車大概只能用來讓塵蟎開出去兜風，雖然我們基督教教義教人樂善好施、幫助弱勢，但這也未免慈悲得太過頭了吧！不過我們倒想到一個好主意：何不製作一整座專門製造微電腦元件的自動化工廠呢？裡面包括車床之類的工具機，全都非常小巧，倒不必一定要看起來長得跟我們常見的工具機一樣。你們可以運用想像力，儘量把它們設計得更適合用在微尺寸場合裡，而且特別注意要它們管理操控自動化，把容易操控當成設計的最優先考量。

注六：磁域（magnetic domain），鐵磁性材料的內部，所有的電子磁矩都指向同一方向（即磁矩方向平行）的區域。

## 身體內的手術刀

我有一位叫西伯斯的朋友給了我一個有趣建議。他說：「如果你能把外科醫師吞下肚去，就可以使外科手術變得有趣多啦！」這可是非常不尋常的想法。他的意思其實是把很小的機械外科醫師放進血管，讓它隨著血液循環進入心臟，從裡面診斷治療。比方說，在它發現到某個瓣膜出了問題而不通的時候，它會自動取出一把小刀來，把不通的地方動個手術，修整一番。此外，可能還可以讓其他類似的小機器長期「進駐」體內，以便幫助功能不彰的器官。

談到這兒，我們要問一個很有趣的問題：該如何著手製造這樣的微機器呢？我想把這個問題交給你們自己去解決。不過讓我建議一個怪異的可行方向。你大概曾經聽過，核能發電廠裡面有一些材料跟機器，因為具有或染上了放射性，不能直接用手去碰觸搬動。若是有地方需要轉鬆一個螺絲釘，或是要套上一個螺絲帽，那該怎麼辦呢？他們的辦法是用一套叫做「主子與奴僕手」的設備，以遙控方式操作，你本人待得遠遠的，只需要操縱控制器上的一些槓桿，就可以操控現場的一雙機械手，進行各種拿東西、轉方向的動作，就如同你本身在場一般。

這種設計多數都相當簡單，只做少數幾個固定動作。設備裡面有一根特殊的操縱纜線，功能就跟木偶戲用的控制拉線一樣，連接著主子這邊的控制器跟奴僕那一端的機械手。當然這套設備還用到一些伺服馬達，使得各個機構單元之間的連繫，是由電起動而不是靠機械力傳達。也就是當你轉動一些槓桿時，這些槓桿轉動一具伺服馬達，它改變連線裡的電流，用來指揮另一端連接的馬達。

依照上述例子，現在我要請機械師傅幫忙建造一個目的相同的裝置，也就是一套電動的主子與奴僕控制系統。但是跟上面的例子不完全一樣的是，奴僕那端的機械手製作得剛好只有原來尺寸的四分之一那麼大，不但機械手的長、寬、高各只有四分之一，它的所有動作幅度也是四分之一。因此主子這邊在做任何一個動作時，奴僕那邊就會跟著做同樣的一個動作，只是程度上縮減到只有原先的四分之一。

我們把這個系統推廣到實際應用上，於是當我們在旋轉螺絲釘、鑽孔打洞的時候，由伺服馬達驅動的小機械手，也跟著在玩弄一些長度只有四分之一的螺絲釘、螺帽，或鑽一些直徑只有原來四分之一的洞。

於是乎，我們用這套系統就可以控制一部四分之一尺寸的車床跟其他工具母機，製造出另一套設計完全相同、但一切機件縮小尺寸四分之一的主子與奴僕控制系統。這第二套系統的機械手跟動作，以我的觀點來看，就成了只有十六分之一啦！這不就是我前面所說的：訓練螞蟻，去訓練塵蟎做事的理念嗎？在我完成這第二套系統之後，我們可以把真人這邊的控制器跟第二個系統的機械手，用電線連接起來，其間可能得通過某種適當的轉換器。這樣一來，我們就可以直接操控那雙十六分之一的機械手啦！

聽完以上這段囉哩巴嗦的解釋之後，我想你多少對我心目中這個做法有了一些概念。這無疑是一套非常煩瑣、困難的工作過程，但至少不失為一個可行的辦法。你若是性情急一些的人，可能會對我所主張的一次縮小四倍的方式有意見。其實一次縮小十倍也不為過，重點是設計時一切得非常非常小心謹慎，才能確實實現我們的意願，圓滿達成設計的真正目的，而不是僅僅要把奴僕那邊的機械手製作得像一雙真手而已。我相信並企盼在座諸位，回去經過仔細思考之後，極有可能創造出一些更理想的系統，遠比我剛才所說的高明得多。

你大概曾經使用過比例畫器（pantograph），即使利用現有的這種儀器，你也能夠把一張圖樣一次縮小四倍以上。但是你似乎無法藉由比例畫器去製造一個縮小了的第二個比例畫器，更不用提繼續再製造更小的比例畫器了。主要原因是它們支架點的孔洞很容易鬆動，以及儀器本身結構上常會出現不規律。

使用比例畫器時的最大毛病是，畫圖那端的擺動自由度，永遠比手動這端來得大，並不會隨著圖形尺寸的縮小而自我約束。因此我們若是把一系列從大到小的幾個比例畫器，首尾連接起來，最後那畫圖筆尾端的任意擺動幅度，或失真程度之大，常會使得畫出來的東西完全不成圖形。這是比例畫器並不太適合擔當此項縮小重任的原因。

我們若勉為其難用它來做此種縮小工程時，則每進行一步都必須想辦法增進儀器的精確度。例如在用比例畫器製造一部小型車床時，我們很可能發現它的導螺桿變得很不規律——也就是跟當作模範的一般尺寸車床比較，比例上有了相當出入的意思。為了避免把東西弄壞、把事情搞砸，我們得好好耐住性子，輕輕使用一個本身很容易損壞的螺絲帽，來回校準導螺桿，直到它的精確度變得跟我們原來的車床一樣好為止。

另外，我們可以把三對表面不很平的板子疊起來讓它們彼此摩擦，就可以很容易使它們一起變得更平。這說明了只要是選對了方法，在微尺度世界裡想要增進東西的準確度，並非不可能。所以不管採用什麼方法，我們在建造這些微機器的過程裡，每進行一步都得花費一些時間去增進各種設備的精確度。

導螺桿不過是一個普通例子，其他還有許多誤差不能太大的重要機件部分，如工具機上的約翰笙規矩塊（Johanson block gage）等。它們的準確度在原尺寸的機器上就已非常重要，機器縮小之後就只有變得更為重要了。我們每走一步就得停下來，把所有製造細節全部調理妥當，要做的東西也得全都做好之後，才能繼續往前再跨出一步。而接著又得重複剛忙完的同樣瑣碎麻煩過程，樣樣需要再度打點跟擺平。所以這個方法雖然理論上沒啥毛病，實施起來可絕對不會輕鬆愉快。也許在座諸位將來能夠設計出更容易實施的方法來，讓微尺寸化的過程變得簡單快速一些。

即使這些問題統統解決了，很糟糕的是，在花費了不知多少精力跟時間，經過了一連六次這樣的縮小程序之後，最後我們得到的還僅只是一部可愛的小型車床而已，長度大約是原來車床的四千分之一。記得我們最初的目的，不是說要製造一部超級巨大的電腦嗎？這台車床的功用只是我們要用來鑽孔，製造新電腦所需要的無數小小墊圈而已。你想想看，若是只有這麼一台寶貝車床的話，我們能製造出幾個墊圈呀？

## 一百隻小手

所以當我一開始在製造四分之一尺寸的奴僕機械手的時候，我就決定不能只做一雙，而是一做就是十雙機械手。等全做好之後，我把它們一個個都連接到我原有的槓桿控制器上，於是它們在我的操控下，同步一致的做著完全同樣的十件事情。同理，在我進一步把東西再縮小四倍時，我命令每具機器都給我製造十個新的複製品。如此一來，在尺寸十六分之一的階段裡，我就有了一百雙同時做事的機械手了。

或者簡單的說，我們每進行縮小程序一次，做出來複製品數目後面就加上一個零。經過了六次縮小之後，車床的長度縮減成原來的四千分之一，而車床總數則變成了一百萬台。

有人沉不住氣啦：哇！一百萬台車床！哪會有地方讓你擺放那麼多呀？其實只要稍稍用腦袋想想，那根本不是問題。因為它們實在是很小，若是一個挨著一個排列起來，所占有的總面積甚至不到一台普通車床所占面積的十六分之一。換句話說，如果我有一塊地，裝下一台普通車床的面積，就可以擺下一千六百萬部這樣的小車床。當然像這樣只放一層委實太浪費空間了，那麼讓人做一個七十層的架子好了，就可以輕鬆容納下十億個這種尺寸四千分之一的小車床。

擺放空間不成問題外，製造材料更不是問題。因為製造全部十億個這種微車床所用掉的材料，還不到一台普通車床用料的百分之二（十億除以四千的立方，只得六十四分之一）呢！所以你們看，它們可是一點兒也不浪費材料。製造一台普通車床的材料，不單足夠建造十億部小車床，還足夠建造十億座工廠，每座工廠裡包括五十多台微車床大小的各式各樣工具母機。當然每一個微工廠裡面的設備都是同一個模樣，也都同時在進行同樣的製造工作，諸如鑽孔、切割、壓製零件等等。大家每鑽孔一次，就同時製造出十億個墊圈來，你想嚇人不嚇人！

在我們把東西縮小的層次裡，並不是所有涉及的事物都會跟隨尺寸做同樣比例的下降，因而有幾個有趣的問題會隨著出現。其中一個問題是來自分子間的吸引力，又叫做凡得瓦力（注七）。這會是怎樣的問題呢？

實際看到的情形是，在你完成了一個微零件的製作程序之後，你把固定它的螺絲釘上的螺帽旋開，零件卻不會像在大尺度製造程序裡那樣，自動從機器上掉下來。原因是微零件的重量已經變得太小，不足以讓微零件擺脫機器的吸引力。甚至要把它拿下來還不太容易，會像早期搞笑電影裡面，演一個手上沾滿糖蜜的人想要丟掉一只塑膠水杯的滑稽情況。這類的問題還不只這一項，將來當我們真要從事設計時，還必須把這些特殊問題統統發掘出來，一併考慮解決。

## 重新安排原子

最後是一個聽來相當可怕、但我們遲早必須面對的問題，那就是如何能夠依照我們的意願，把原子排列起來！

我說的不是別個，就是那個物質裡的最小單位——原子！如果我們真能夠依照任何設計，一個一個的把原子排起來，會發生什麼事呢？（當然我們在設計時不能不顧慮到一般情理，譬如，某兩個原子若是靠在一起，化學安定性會有問題，那麼你就不能把這兩種原子排在一塊。）

自古以來，我們一直很熱衷於從地下發掘出各種礦物。取出來之後，我們大規模加熱，並做這做那、折騰再三，為的是要把礦物純化到某個程度，或是限制裡面的雜質不能超過若干。我們一直都不得不接受大自然給我們的既定原子排列次序。我們從未能夠去嘗試做到，譬如說，叫雜質原子以「棋盤格子」方式分布其中，要求每個原子中間的間隔，不多不少剛好都是一千埃；或是把雜質原子排列成任何其他的特殊圖形。

如果真能控制物質的層層結構，或決定每層該用什麼東西填充，會創造出什麼呢？一旦真能按照我們的意願來安排原子的次序，物質的性質將會有怎樣進一步的變化呢？

這類的問題非常有趣，值得我們去進行理論上的推敲。我無法預料到什麼樣的結果一定會發生，但是我一點也不懷疑，在獲得毫微尺度下安排東西的「控制」能力之後，我們勢必能夠把物質的性質範圍巨幅的擴大，讓我們製造出無數從未有過的新東西來。

譬如我們考量一塊物質，裡面安排許多微線圈跟電容器的組合，每個大約一千埃或一萬埃長，在大片面積裡一個個挨著，連接成一組組電路，在各盡頭處還有一些微小的

注七：凡得瓦力（Van der Waals force）是原子或分子之間的弱吸引力。凡得瓦（Johannes Diderik Van der Waals, 1837-1923）是荷蘭物理學家，發展出氣體和液體的狀態方程式（凡得瓦方程式）而獲得一九一〇年諾貝爾物理獎。

天線伸展出來。問題是這樣的東西是否能從它們的整排天線發射出光，就像我們對歐洲作無線電廣播時，用一大群位置安排妥當的天線，同時發射無線電波一樣？這樣的安排可使得發射出來的光或無線電波聚集起來，然後以非常高的強度朝一定方向照射過去。

也許這樣子的光線在技術上或是經濟上都沒啥用途，但誰知道呢！

我曾經思考過建造小尺度電路的種種問題，發現電阻的問題很嚴重。由於波長隨著尺度縮小而變短，它的自然頻率會上升。但是趨膚深度（注八）只會跟著尺度比率的平方根下降，因而東西愈小，電阻的問題就會愈大。有個可能的解決方法是在頻率不太高時，利用超導性質來克服電阻問題。當然另外還可能有其他辦法。

## 微小世界裡的原子

當我們到達非常非常微小的世界裡，例如考慮只有幾個原子組成的電路時，我們會遇到一大堆新事物，使得設計上所面臨的許多問題跟以往全不同。小尺度下的原子行為跟它們在大尺度情況下，完全是兩回事，由於它們必須滿足量子力學，所以到了極小尺度時，我們面對的物理定律已不再是原本在大尺度經驗裡所熟悉的。我們得隨時準備滿足不同的需要，同時能夠活學活用一些新的製造方法。譬如，不只可以使用以往用慣的電路設計，還可以利用量子化能階的系統，或是用量子化自旋的交互作用系統等等。

另外還有一件值得注意的事情，那就是東西縮小到了某程度之後，所有的設備都可以經由量產，而得到完全一樣的複製品。通常我們若只建造兩部相同的大型機器，要求成品的最後尺寸不差分毫，事實上根本不可能。但若是要製造的機器只有一百個原子的高度，只要我們要求誤差不超過很稀鬆平常的〇・五％，所有得到的成品就非得完全一樣不可，全部都是一百個原子，沒半個例外！

在原子層次，我們有新形式的力、新的可行方式、以及新的效果，因而物質的製造跟複製會遇到相當不同的困難。就如同我前面說過的，我的觀念主要是受到生物界各種現象的啟發：在生物界，一再使用各式各樣的化學力，產生許多不同的怪異結果，在下就是其中之一。而至少根據我的了解，物理學中的原理都沒有明白反對我們去一個個操縱原子，這樣做也不跟任何我們已知的物理定律相牴觸，因此原則上，做到這點應無問題。然而實際上，由於我們本身尺寸太大，至今尚無人試過。

最後，一旦能操縱原子時，我們物理學家還能夠做化學合成呢！你想想，如果一位

注八：趨膚深度（skin effect）是指交流電有流向導體表面的傾向，因此電流等於是被限制在導體截面的一小部分，因而增加了電阻。趨膚深度正是這種效應下，導體表面之下有電流流過的深度。

化學家跑來找我們，對我們說：「你瞧！我需要一個分子，其中各原子的位置是如此如此、這般這般，你就替我把這個分子做出來吧。」那該有多麼炫、多麼酷呀！通常化學家要「做出」一個分子時，他會做一些讓別人莫測高深的神祕事情，譬如他看到分子中有個環，他知道該混合些什麼，搖晃多久，再經過一些什麼大大小小步驟。在很困難複雜的過程完成後，最後他經常能成功的合成出他所想要的分子來。等到我現在的想法發展到能用的階段，物理學家就能夠合成化合物了。不過在那天來到之前，化學家大概已經把他全部想要合成的分子，全都研究出來啦！看來此事我們多半是空歡喜一場。

不管日後希望會不會真的落空，至少原則上，物理學家可能有一天能夠合成化學家寫下來的任何化合物，這樣的想法真是教我們學物理的人興奮莫名。物理學家只要把原子一個個依序捏起來，放置到化學家指定的位置上就大功告成了。你說簡單不簡單呀！所以只要我們能成功發展出來看得見原子跟操縱原子的技術（注九），就可以大大幫助解決許多化學和生物學上的難題。

而此項發展以我看來只是遲早的事，將來我們想躲都躲不了的。現在也許你要問：「誰該去做這件事呢？為什麼呢？」我在前面已經指出了幾樣可以省錢的應用。不過我知道你們有人會說，人生一切是為了興趣，那麼就請大家一起乘興加油吧！讓我們舉辦一個實驗室對實驗室的競賽，讓一個實驗室把他們能製造的最小馬達，送交另一個實驗室，而第二個實驗室則把馬達退回去，附送另一個馬達塞在第一個馬達的軸承裡吧！

## 高中生競賽

為了提高大家的興致，並讓孩子們對這個領域發生興趣，我要建議諸位當中跟高中有過接觸的人，發起某種高中生競賽。反正現在這個領域還沒開始，而且我認為即使是高中學生，都能寫出比以往人們所寫過的最小字體更小的字。他們可以來個校際比賽，譬如說，洛杉磯高中可以寄一根大頭針到威尼斯高中，針上寫著：「你看如何？」沒多

注九：一九八一年，ＩＢＭ公司蘇黎世研究所的研究員羅雷爾（Heinrich Rohrer, 1933-2013）與賓寧（Gerd Binning, 1947-）共同發明了掃描穿隧顯微儀（Scanning Tunneling Microscope）。這種儀器利用一根極細微的針尖靠近樣本表面，藉著電子的穿隧作用，而能描繪出樣本表面、原子尺度的高低起伏圖形。這是顯微技術的重大突破，羅雷爾與賓寧兩人因此獲得一九八六年諾貝爾物理獎。掃描穿隧顯微儀的原理及圖解，有興趣的讀者請參閱《諾貝爾的榮耀——物理桂冠》一書。運用掃描穿隧顯微技術，不只能「看見」一個一個的原子，而且能操控原子的排序，例如ＩＢＭ公司的研究人員就曾經在一塊樣本表面上，用原子排出ＩＢＭ三個英文字母，字母的線條寬度只一個原子。費曼的預言已經幾近於實現。

久之後，洛杉磯高中收到了回信，裡面仍舊是同一根大頭針，只是在原來那個問句末尾的問號「？」下面那一點裡面，寫著：「不怎麼樣嘛！」

也許你認為我說的都是騙小孩子玩意兒，不玩真的就激不起你的興趣。這點我能了解，所以我也計劃要對症下藥，只是我還沒有準備好，不能從現在就開始。這帖藥是我打算懸賞美金一千元給第一位人士，能把一頁書上的資訊縮小到可以放進一塊長寬各只有該書頁兩萬五千分之一的面積上，並且確實清楚得可供人們透過電子顯微鏡來閱讀。

我還要提供另外一個獎項，我還沒研究好該怎麼措詞，才不會到時候因定義不夠明確，而惹上與人爭議的麻煩。這個獎項也是美金一千元，要送給第一位製造出以下這種馬達的人士：不包括外接電線，可以收納進邊長為六十四分之一英寸（〇・〇四公分）的立方體的電動馬達，能夠運轉，轉動可以從外邊控制。

我估計要不了多久，就有人會領走這兩筆獎金。

## 附記

終於，費曼還是得對這兩個懸賞履行諾言。以下是從海伊（Anthony J. G. Hey）一九九八年所編的〈費曼與計算〉回顧文裡節錄出來的後續報導，已獲得同意轉載。

費曼對兩個獎項都付了賞金。第一筆獎金在懸賞之後不到一年，就付給了加州理工畢業的校友麥克萊倫（Bill McLellan），以獎勵他做出來符合懸賞規格的微馬達。不過費曼對這個微馬達有些失望，因為並沒有什麼了不起的新技術在裡頭。費曼在一九八三年於噴射推進實驗室（Jet Propulsion Laboratory，美國航太總署轄下，附設於加州理工的研究機構）演講時，又提出修正後的微馬達懸賞版本，他預言：「以今日的科技，我們可以輕易……製作出每一邊長都只有麥克萊倫的馬達四十分之一的馬達，也就是體積只有六萬四千分之一，而且我們可以一次製造出數千台這種微馬達。」

第二筆獎金則是在懸賞二十六年後付出，得獎人是史丹福大學研究生紐曼（Tom Newman）。費曼挑戰的尺度等於是把二十四冊的《大英百科全書》整套書的內容，全部抄寫在一根大頭針的圓頭上——紐曼經過計算，知道每一個英文字母只能有五十個原子寬。於是紐曼趁他的論文指導教授不在時，偷偷利用電子束蝕刻儀器，把狄更斯小說《雙城記》的第一頁，縮小成兩萬五千分之一給刻了出來。

奈米科技研究人員在引述費曼的論文時，經常會把開啟奈米科技領域的功勞歸給費曼。而且現今也有所謂「費曼奈米科技獎」的定期競賽。

# 第六章

# 科學的價值

## ——「擁有懷疑之自由」的主張

在科學的眾多價值當中，
最偉大的，非「能夠盡情懷疑」的自由莫屬了。

有一回在夏威夷，
費曼在參觀一所佛寺時，上了一堂有關「謙遜」的課：
「上天給每個人一把打開天堂之門的鑰匙；
而這把鑰匙也可以用來打開地獄之門。」

本文是費曼最滔滔雄辯、令人動容的文章之一，
內容著重在省思科學和人類經驗兩者之間的互動關係。
同時，他也給科學家同儕上了一堂課：
有關他們對於文明的未來所應負的責任。

常有人說，科學家應該多關心社會問題，尤其應該多關心科學對社會的影響。似乎大家都認為，只要科學家肯稍稍注意一下嚴重的社會問題，別花那麼多時間在次要的科學問題上，事情就會成功。

在我看來，我們科學家其實是常常在思考這些問題的，只是沒有全心投入。原因是，我們知道自己並沒有解決社會問題的妙方，我們知道社會問題遠比科學問題困難，我們雖然思索，通常也無能為力。

我認為科學家面臨科學以外的問題時，就如同任何其他人一般沒有創見——他談起科學以外的事情，和其他非本行的人一樣無知。我現在要談的「科學的價值」，不是一個科學問題，所以正好可以做為例證，來證明我上述的論點。

## 誰能欣賞浪濤之美?

科學的第一項價值是大家所熟悉的。有了科學知識我們可以做各種事情，製造各種東西。當然，我們製造出的東西若是「好」的，這不只要歸功於科學，還要歸功於道德的抉擇。有了科學知識，人可以為善，也可以為惡。科學知識本身並不指導你為善或是為惡。科學的力量有明顯的價值；雖然它可能為誤用所抵消。

在一次檀香山之旅中，我學到了表達這個尋常人性問題的另一種方法。在一座佛寺裡，住持為觀光客講解一些佛教的義理，最後他用一句佛教偈句作結，讓人永難忘懷。他說：

人生而擁有開啟天堂之門的鑰匙，但這支鑰匙也可以開啟地獄之門。

那麼，天堂之鑰的價值何在？真的，假如沒有人明白指示我們如何區分天堂之門與地獄之門，使用鑰匙就變成危險的事。

但是，鑰匙當然有用，沒有它，怎麼進入天堂？沒有鑰匙，空有指示，並無意義。所以顯然，科學雖可能為世界製造出可怕的災難，其價值卻不容否認，因為它就是能製造出東西來。

科學的另一項價值是樂趣——一種知性的樂趣，有些人在閱讀、學習和思考科學問題的過程中得到，有些人則在實際研究科學中得到。這一點很重要，那些要求我們負起社會責任的人，對此不夠了解。

這只是純屬個人的樂趣，對社會整體有沒有價值？沒有！但關心社會本身的目標，也是一種責任。我們的社會是不是應該讓人們有樂趣呢？如果真是如此，則享受科學的樂趣與其他事物同等重要。

但是科學來的世界觀，也不容低估。科學引領我們進入各種各類的想像世界，其奇妙有趣遠勝過古往今來詩人和愛做夢的人所有的想像；這說明自然的想像力，遠非人類所能及。例如，我們人類全受一股神祕的力量吸附在一個旋轉的大球上，其中一半的人還是腳朝上，頭朝下的，而那大球已經在空中旋轉了幾十億年之久。這樣的想像力，不知要比人類想像出來的，大家坐在象背上、象站在龜背上、龜游在無底的大海上這種說法高明多少。

我常常獨自思考這些問題，相信你們很多人也都想過，所以如果你們覺得沒什麼新鮮，請稍微忍耐一下。這些問題，從前的人是無從想像的，因為他們沒有今天人類的資訊。

試想我單獨一人，站在海邊沉思……

洶湧的海浪，蘊含

山樣多的分子

自顧自走

千萬億個小東西，卻

堆砌成浪頭的一致
打從洪荒初闢
混沌未開之際
年復一年
驚濤反覆拍遍海岸
卻是為誰
又是為何？
這是個死寂的星球
誰能欣賞浪濤之美？

不能止息　只因
能量催動
陽光無情蒸騰　不由得
散入無垠天空
微不足道的水分子
卻能讓　海洋咆哮

深海中小分子
彼此重複模仿
組合成新模樣
複製自己　於是
又是一首舞曲奏起

生物——
原子、DNA、蛋白質的團塊
變大　變複雜
舞步更交錯迷離
爬出搖籃
踏上堅實的地面
站在這兒的　已經是
有知覺的分子
會好奇的物體

海濱獨立
思索著：我——這個奇觀　是
原子組成的宇宙　也是
宇宙中的一粒原子

深入探討任何問題時，一再感受到同樣的震顫，同樣的敬畏和神祕。知識愈多，愈能領會深沉美妙的神祕，誘使我們繼續鑽研。不必擔心得不到具體答案，懷著喜悅和信心，我們翻轉每一顆石頭，都會發現想像不到的新奇東西，引發更有趣的問題、更奇妙的神祕——那絕對是偉大的探險！

## 科學時代還沒來臨！

的確，不懂科學的人未曾經歷過這種特殊的心靈體驗。沒有詩人為它作詩，沒有藝術家為它作畫，我不懂為什麼。難道沒有人受到宇宙之美的感動？至今沒有歌者吟唱科學的價值；所以你們今晚只好來聽這樣的一場演講，而不是欣賞對科學價值的詩歌禮讚。科學的時代還沒有來臨！

或許，聽不到禮讚之聲的一個原因是不知如何欣賞科學的樂章。例如，科學論文敘述：「老鼠腦中放射性磷的含量在兩星期內降至原來的一半。」這句話是什麼意思？

意思是老鼠（以及你我）此刻腦中的磷已經不是兩個星期前的磷，腦中的原子不斷更新，以前在那兒的原子現在不在了。

那麼，我們的心靈到底是什麼？這些有知覺的原子到底是什麼？是上星期吃下肚的馬鈴薯！這些原子記得我一年前心裡的想法，而我一年前的心靈早已萎謝消逝了。

一旦知道腦中的原子會在短時間內新陳代謝，我便了解，所謂個性、特徵，不過是一式圖樣或一首舞曲，原子進入腦中，舞了一曲，然後離去——新的原子不斷接替，記得昨日的舞曲，踩著相同的舞步。

我們會在報紙上讀到這樣的報導：「科學家說這項發現可能有助於找出治療癌症的方法。」報紙只對一種觀念的實際應用有興趣，而不關心概念本身。世人幾乎都看不出概念本身的重要性，只有一些孩子可能理解；而能理解類似概念的孩子，就可能成為科學家。假如要等他進了大學才學會，就太遲了，因此我們一定要努力向孩子們解釋這些概念。

## 未來仍然有夢

再談科學的第三項價值，這是比較不直接的一項。科學家常有無知、懷疑和不確定的時候，我認為這樣的經驗是非常重要的。當科學家不知道問題的答案時，他感到自己無知；當他對研究結果不太篤定時，他滿心狐疑；即使他對結果很確定，他依然保留懷疑的餘地。我們知道，自認無知，保持懷疑，是進步的最重要基礎。科學知識中包含了種種不能確定的說法，有些非常不確定，有些大致可以確定，但沒有什麼是絕對確定的。

我們科學家對此習以為常，認為生活在不確定與無知之間是理所當然的；但我想並不是每一個人都體認到這一事實。早年的科學界充滿權威心態，我們是歷經奮鬥抗爭，才得到懷疑的自由。這場抗爭深沉又強大，我們從此可以質問，可以懷疑，可以不確定。我們決不能忘記這場抗爭，更不能失去好不容易爭取到的權利。這也是我們對社會的責任。

想到人類的潛能如此豐厚，成就卻如此微小，我們都感到悲哀。大家總覺得應該可以做得更好。過去的人根據他們那個時代的夢魘想像未來，我們雖已是他們的未來，卻看到他們的夢想多半並未實現。我們對未來的希望，多半仍然就是昔人對未來的希望。

昔人以為人不能發揮潛能，那是因為無知無識。今日教育普及，又豈能讓每一個人都成為伏爾泰？學壞至少不比學好難，教育的力量強大，但可以行善，也可以作惡。

昔人的另一個夢想是國際間通訊可以增進了解。但是傳播工具可能受人為操縱，傳達的訊息可能是事實，也可能是謊言。通訊的力量同樣強大，但也是可善可惡。

應用科學至少應讓人不受物質問題困擾。醫藥可以控制疾病，所有的醫學研究紀錄似乎都記載著它為善的一面。可是事實上也有人想製造大瘟疫和毒藥，以備明日戰爭之用。

幾乎每一個人都討厭戰爭，我們今天的夢想是和平。和平時，人才能盡情發揮潛能。但未來的人可能發現和平有益亦有害——承平日久，人可能太無聊而酗酒，結果反而不得發揮才能。

顯然，和平一如沉著、物質力量、交換訊息、教育、誠實和夢想家的理想一般，具有大能力。我們比古人更能控制這些能力，所以也許表現得比他們好些，但與我們本應可以做到的相較，今天善惡難分的成就實在微不足道。

原因何在？為什麼我們無法征服自己？

因為我們就算擁有大能力，也不知道應如何使用。舉例言之，理解了物質世界的行為模式，只會覺得這種行為毫無意義。科學本身是無所謂是非善惡的。

## 身為科學家的責任

自古以來，人類不斷探索生命的意義。人知道要是能找到行動的方向和意義，就能發揮人類巨大的潛能。許多人嘗試解答有關生命意義的問題，但眾說紛紜，想法不同的人往往彼此痛惡，認為對方把人類的偉大潛能誤導往一條死胡同去。事實上，正是因為人類長期以來基於錯誤的信念，而嚴重扭曲行進路線，哲學家才得以了解人的無限潛能。我們的夢想是找到一條康莊大道。

那麼，生命的意義到底是什麼？我們能解開生存之謎嗎？把所有的知識加起來，包括古人所知以及今人的新知在內，我想我們得坦承，我們不知道這問題的答案。

但承認這點，也許就找到了康莊大道。

這想法不新鮮，理性時代就有，是創造民主的先賢所遵奉的信念。他們認為沒有人知道該如何治理國家，因此想到應該設計一種體制，讓大家發揮創意，嘗試新方法，行不通就打消，再試別的。這是一種試誤系統，十八世紀末，科學界已證實此法可行。早在那時，留心社會發展的人已經看出容許嘗試就能帶來機會。要向未知的領域探索，必須有懷疑的自由、討論的餘地；而要想解決一個未曾解決過的問題，就得開啟通往未知的門。

我們還處於人類史的黎明階段，自然有滿手的問題待解決。但前頭有幾萬年的未來；我們的責任是盡力去做，去學習，改善做事方法，傳承下去。我們有責任不把包袱留給子孫。在莽撞幼稚的文明早期，我們有可能鑄造嚴重的錯誤，長期妨礙文明的成長；我們現在還如此年輕無知，若以為擁有答案，就可能鑄下大錯。如果我們禁止討論、禁止批評，宣稱：「各位，這就是答案，人類得救了！」那麼人類將禁錮於我們目前有限的想像力，長期受到權威的壓制。這種事情過去已經發生多次了。

身為科學家，我們深知自承無知才能有重大進展，有思考的自由才能結出豐碩的果實。我們有責任告訴大家這種自由的價值，教導世人不要怕別人質疑，反而應樂見別人提出疑問，多加切磋討論。同時，我們還要把爭取這份自由，視為對未來世世代代的責任。

# 第七章

# 費曼的挑戰者號太空梭調查報告

## ——工程管理的主張

當挑戰者號太空梭在一九八六年一月二十八日升空不久發生爆炸之後，六位職業太空人和一位小學教師不幸遇難，美國舉國同感惶恐沮喪。航空暨太空總署（NASA）則從一片安逸心態中被震懾而醒過來，安逸心態乃來自於多年來成功的太空探測任務——至少是從未如此致命。於是，美國組成了由國務卿羅吉斯(William P. Rogers) 率領的委員會，成員包括政治人物、太空人、軍方人員和一名科學家，負責調查意外發生的原因，以及提出建議，以防止類似悲劇再度發生。而由於費曼正是其中這名科學家，很可能這就是為什麼後來挑戰者號失敗之謎得以揭開，而不是成為永遠解不開之謎的極大分野所在。

費曼比大部分的人都有膽色，毫不害怕飛到全美各地直接跟工場上的工作人員和工程師談論；這些人早就體認到，太空梭計畫已經變成文宣掛帥，細心和安全不再放在第一位。後來委員會認為費曼的報告太令航太總署尷尬，差一點將之壓下不理，但在費曼大力抗爭之後，終於列在報告的末尾，成為一個附錄。而在委員會為了回答問題而舉行的現場立即轉播的記者招待會上，費曼當場表演了那個現在已經很有名的桌上實驗，單用一個太空梭的O形環和一杯冰水，很戲劇化的證明了，這些極關鍵的O形環在寒冷的環境中是會失去效用的，可是工程師所提出的警告——天氣太冷不應讓太空梭升空，管理人員卻置若罔聞，因為他們執意要向上級表現，展示他們的任務時程精確無誤。以下就是費曼那份歷史性的報告。

## 引言

太空梭失事的機率，眾說紛紜，估計的數字從百分之一到十萬分之一都有。較高的失事機率來自工程師的估計，較低的數字則來自管理人員，為什麼這當中有這麼大的歧異？十萬分之一的意思是每天發射一次太空梭，在三百年內只會有一次的失敗，「為什麼管理人員有這麼不切實際的信心？」

我們發現，「飛行準備評估」（Flight Readiness Review）的驗證標準是隨時間而逐漸放寬的。同樣的冒險，如果以前沒有出事，那就可做為現在可以安全飛行的依據，因此就一再接受明顯的缺失——有時是不努力嘗試解決問題，有時是為了不延誤飛行。

我的資料來源如下：

◆書面的驗證標準——包括長期以來所做的各種修正，還有歷次「飛行準備評估」的紀錄，以及接受飛行風險的理由。

◆固體燃料增力火箭的資料——來自現場安全官尤利安（Louis J. Ullian）的直接見證及報告；身為「中止發射安全委員會」的主席，他也評估了伽利略號行星探測船使用放射性鈽核反應器為動力源，在意外發生時所可能導致的放射性汙染。航太總署也提供了此方面的研究資料。

◆太空梭主引擎的資料——來自與馬歇爾太空飛行中心（Marshall Space Flight Center）的管理人員及工程師的訪談，以及和洛基達因公司（Rocketdyne）工程師非正式的訪談。也與加州理工學院為航太總署做引擎諮詢的機械工程師非正式面談。

◆電腦、感測器等航空電子設備的資料——來自詹森太空中心（Johnson Space Center）的訪談。

◆〈增力火箭引擎體驗證過程檢討〉報告，是噴射推進實驗室在一九八六年二月，為航太總署太空飛行辦公室所做的。這篇報告說明了美國聯邦航空總署（FAA）及軍方驗證氣渦輪引擎及火箭引擎的方法。

## 固體燃料增力火箭

固體燃料增力火箭的可靠度，係由現場安全官根據以往火箭飛行的經驗來評估的：在約兩千九百次的飛行中，有一百二十一次失敗（二十五分之一）。這個數字包括頭幾次用以發現設計錯誤的測試飛行。火箭設計成熟以後，較合理的數字應是五十分之一；若慎選組件並加強品管，可達到百分之一以下。但以今天的技術，千分之一是不可能達到的。（由於太空梭配置了兩具固體燃料增力火箭，因火箭而失事的機率應當加倍。）

航太總署官員辯稱，數字應遠低於此。他們指出，這些數字是不搭載人的火箭的數據，而太空梭是搭載人的載具，「故任務的成功率應接近百分之百。」這句話的意思很不清楚，是說接近百分之百或是必須接近百分之百呢？

他們繼續說明：「根據以往的經驗，這種高成功率，已造成對載人太空梭的處理方式與無人飛行完全不同，這取決於數值機率的運用以及工程上的判斷。」（這句話引自航太總署的一份針對攜載核能發電機的行星任務而預估的太空梭安全分析報告。）可以這麼說：如果失事的機率為十萬分之一，那得進行非常多次的飛行才能估得這個數字；你若是完成了一連串完美無瑕的飛行，那可得不到任何確切的數字。但如果機率並不真的那麼低，在測試飛行中就會碰到問題了——可能幾近於失敗，或是碰到真正的失敗。這時，運用統計的方法就可以估計失敗的機率。事實上，航太總署以往就曾經發生過，幾乎失事及甚至失事的經驗，這些都意味著飛行失敗的機率不是那麼低。

航太總署既不根據過去的經驗估計機率，又在論辯中訴之歷史經驗：「根據以往的經驗，這種高成功率……」好吧，如果我們以工程上的判斷替代數值上的機率，為什麼航太總署沒有發現管理人員和工程師之間的估計有這麼大的差異？顯然，不管基於什麼目的，航太總署的管理人員對於其產品的可靠度，誇張到令人匪夷所思的地步。

我不在此重提驗證及「飛行準備評估」的歷史（見委員會報告其他部分），但很清楚的，他們已知道前次飛行有密封腐蝕及O形橡皮環裂碎的現象，但不認為這是嚴重的情形。挑戰者號的飛行就是一極佳例子，當局都只用前幾次測試飛行的成功為依據，來證明安全無虞。但設計上並不容許腐蝕及裂碎發生，因為那是錯誤的徵兆。設備的運作若不如預期，就可能在更極端而未知的條件下發生更大的誤差。而且，之前的失誤並未導致大災難，並不表示往後就一定安全無虞；除非那些失誤的原因已徹底掌握。這就像玩俄羅斯輪盤時，左輪手槍第一發安全過關，並不能保證下一發也能安全過關。以往總是沒確認腐蝕及裂碎的原因及後果，因此每次腐蝕及裂碎的情形都不一樣，有時多些，有時少些。這就無法知道什麼時候會有更嚴重的腐蝕，導致大災難發生。

雖然每次飛行時發生的情況都不太一樣，但大小官員卻都一副成竹在胸的模樣，並都給予合理的解釋，常引用的說辭是上一次飛行「成功」。例如，代號51－C的飛行發生橡皮環腐蝕，腐蝕深度達半徑的三分之一，現在為了要證明代號51－L的飛行（即挑戰者號意外爆炸的那次飛行）是安全的，引用的例證就是切割橡皮環的實驗結果：橡皮環切割至一個半徑深度時才會失去效用。因此他們絲毫未考慮在未知的情況下可能發生更嚴重的腐蝕，反而斷言「安全係數為三」。

這是工程師對於安全係數的詭異用法。如果一座橋梁需要承載某一定的重量，而不致產生永久變形、破裂或折斷，則「安全係數為三」的設計，意思就是：所需要使用的材料必須能承受預估載重量的三倍。這個安全係數容許不定重量的超載，或材料的瑕疵等等。若一旦在未超載的情況下，橋梁破裂了，那可是設計的失敗，即使橋梁只破裂了三分之一，並未坍塌，這時已毫無「安全」係數可言。也就是說，固體燃料增力火箭的橡皮環在設計上是不會腐蝕的，腐蝕是發生錯誤的結果，絕不能用來推斷安全性。

在原因不完全明瞭的情況下，沒有人可以推斷下一次不會發生三倍於此次的腐蝕度，但官員們依然自欺欺人，自以為是。他們用一個數學模型來計算腐蝕度，但這個數學模型並不是根據物理理論，而是使用經驗曲線去逼近的。他們先假設熱氣流接觸到O形橡皮環時，在滯留點（stagnation point）可計算出熱量（這也還說得通，因為他們運用了適當的物理定律、熱力學定律）；但在計算橡皮環的腐蝕程度時，卻是套用類似材料的實驗數據繪圖所得的經驗公式。那個公式在對數圖上代表一條直線，而他們也不管三七二十一，直接就依樣畫葫蘆，並且假定腐蝕度會隨熱量的〇・五八次方變化；〇・五八是由最逼近的擬合而得來的。問題是，你若改用其他數字，這個數學模型依然可用來推估腐蝕度。

再沒有比相信這論點更荒謬的事了！模型處處都不確定：熱氣流的強度不可預測，它會隨鉻酸鋅粉中形成的孔洞大小而變；照片顯示，即使橡皮環僅部分腐蝕，亦可能失去功能；經驗公式是不可靠的，因為那條擬合線並不是正好通過每一個測定值，有很多測定值比擬合線高個兩倍或低兩倍，所以腐蝕度是預測值兩倍的原因可能就在此。公式中其他的常數也都有類似的不確定性。因此使用數學模型時，要特別注意模型中的不確定性。

## 太空梭主引擎

代號51－L的飛行途中，太空梭三具主引擎的功能都很好，不論在最後一刻、燃料供應不足時，甚至在關機時刻。問題是假如主引擎發生事故，我們也如同調查固體燃料增力火箭般，去調查主引擎，是否同樣會發現對於缺失的疏忽及降低的安全標準呢？換句話說，導致意外事件的組織管理弊病，是僅局限於負責固體燃料增力火箭的部門，或者已是整個航太總署的通病？為了這個原因，我們也調查了太空梭的主引擎及航空電子部分，至於太空梭及外部燃料槽部分，則未調查。

主引擎的構造遠較固體燃料增力火箭複雜，它包括了更多工程上的細節。一般說來，其工程似乎是高品質的，顯然航太總署花了很多注意力，在主引擎運作的缺失及錯誤改進方面。

一般而言，軍用或民用飛機引擎設計的方法稱為「組合式」的，即由下而上的。第一步是徹底了解所有組成材料的性質及極限（例如渦輪葉片），那必須做很多試驗來找出缺點並改進。因為每次只針對零件測試，所以花費不大。最後才進行整具引擎的組合，以符合必需的規格。此時，引擎成功的機會就很大了，即使失敗，由於已經徹底了解各個組件，也可很快找到原因而加以修正。修正通常不太困難，因為早先都已處理過大部分的嚴重問題，成本很低。

但太空梭引擎的處理方式卻不同，它是由上而下的。引擎的設計與組合是同時進行的，先前的材料測試較少。如此，一旦在軸承、渦輪葉片或冷卻管發生問題，修正的花費就較大了。例如，高壓氧氣渦輪唧筒的渦輪葉片上有裂縫，這是材料缺陷呢？還是氧化的效應呢？還是熱膨脹造成的？還是振動的結果？還是有其他的原因？產生裂縫到葉片斷裂需要多久的時間？它與引擎動力大小關係如何？

用整具引擎來測試上述這些細節，是非常昂貴的。沒有人想在測試時，毀掉整具引擎。但這些細節的掌握是對整具引擎產生信心的重點。沒有細節，就沒有信心。

由上而下的設計方法的另一缺點，是即使找到毛病所在，也往往不可能僅是簡單的修正，而是需要修改整體的設計。

太空梭主引擎是很值得注意的機器，它的推力重量比（thrust-to-weight ratio）較任何引擎都高。它不完全是以既有的引擎為基礎，而進步發展的，因此會有許多不尋常的毛病。但因太空梭主引擎是從上而下設計的，很難找出毛病進行修理。原本設計的壽命期是五十五次飛行（總計兩萬七千秒的運轉時間），但通常無法達到這個目標。目前，主引擎常常需要大修，渦輪、軸承等重要零件都要更換。高壓燃料渦輪唧筒甚至每出勤三、四次就得更換，高壓氧氣渦輪唧筒則是每五、六次，這壽命期幾乎是原先估計的十分之一。但我們主要關心的是如何決定其可靠與否。

在過去總共二十五萬秒的運轉時間中，主引擎嚴重失敗過十六次。工程師仔細檢查過這些失誤，他們努力設計各式測試來找出毛病，也做過各種分析檢驗。因此，雖然主引擎設計是由上而下的，工程師經過不斷的努力，還是解決了大部分的毛病。

這些毛病包括：

◆高壓燃料渦輪唧筒的渦輪葉片裂縫。（也許已經解決）
◆高壓氧氣渦輪唧筒的渦輪葉片裂縫。（未解決）
◆加力火星點火器線斷裂。（大概已經解決）
◆排氣閥故障。（大概已經解決）
◆加力火星點火器內部腐蝕。（大概已經解決）

◆高壓燃料渦輪唧筒渦輪片裂縫。（大概已經解決）
◆高壓燃料渦輪唧筒冷卻管故障。（大概已經解決）
◆主燃燒室導管故障。（大概已經解決）
◆高壓氧氣渦輪唧筒同步協調器振動。（大概已經解決）
◆加速飛行之安全斷電系統的備用系統，部分故障。（大概已經解決）
◆軸承磨損。（大致解決）
◆四千赫振動，使某些引擎停擺。（未解決）

以上許多毛病多出在設計初期：前半段的十二萬五千秒出現了十三個毛病，而後半段的十二萬五千秒只有三個。當然，你永遠不可能確知能找到所有的缺陷，因此有些修正並不能真正解決問題。所以，很可能在未來的二十五萬秒中，至少會發生一次嚴重故障。這相當於每具主引擎每飛五百次就有一次嚴重故障。

每艘太空梭有三具主引擎，每一具主引擎若發生故障，通常不會影響到其他兩具。但只要有一具主引擎故障了，太空梭的該次任務就得被迫取消；因此，我們沒有辦法很樂觀說，太空梭因主引擎故障而導致任務失敗的機率，會小於五百分之一。（洛基達因公司的工程師估計是萬分之一，馬歇爾太空飛行中心的工程師估計約三百分之一，而航太總署的估計是十萬分之一；某家顧問公司則認為百分之一到二較合理。）

主引擎驗證原則的歷史頗為混亂。原先規定要有兩具主引擎至少可運轉兩倍於認可的時間（兩倍原則）。至少那是聯邦航空總署的規定，航太總署先是有樣學樣，要許可飛十次（所以要測試二十次）才行。當然，那兩具通過兩倍原則驗證的主引擎，可以算是最好的主引擎。但如果有第三具主引擎在短期間內就故障了，那該怎麼辦？短時間就故障的主引擎，在實際的飛行中可能更具意義；因為只要有一具主引擎發生問題，太空梭任務就告失敗。而且我們心中所認定的安全係數通常是二，這就表示在實際的飛行任務中，失敗的時間可能會是短命引擎工作時間的一半而已。

我們可以看到在許多方面，安全係數有逐漸降低的趨勢。以高壓燃料渦輪唧筒的渦輪葉片為例，工程師先是放棄對整具引擎進行測試。每具引擎都有許多零件要換，那麼兩倍原則的適用對象就由引擎轉換到零件。因此，如果高壓燃料渦輪唧筒有兩個葉片成功通過雙倍時間測試，就接受。但什麼是成功？聯邦航空總署為安全起見，規定只要有裂縫就認為不成功；但引擎開始有裂縫時依然可以運轉，因為裂縫逐漸變大終至斷裂，還需一段時間。（聯邦航空總署後來有了新的安全規則，將這段額外的安全時間亦考慮在內，但必須確定經由已知模型的分析和使用完全測試過的材料，才能算數。太空梭的主引擎並不具備上述任何條件。）

很多高壓燃料渦輪唧筒第二級的葉片都有裂縫，其中之一在一千九百秒後出現了三個裂縫，另一個卻在四千兩百秒後依然沒有裂縫。我們發現導致裂縫的壓強與動力的大小有關。挑戰者號及以往的飛行都是在一〇四%動力下飛行的，從一些數據判斷，在一〇四%的動力下運轉，產生裂縫所需的時間為一〇九%運轉或所謂「全動力水準」（FPL, full power level）時的兩倍長。由於未來的飛行會有更重的酬載，均將在一〇九%動力下運轉，但是過去很多測試都是在一〇四%動力下進行的，因此他們把一〇四%動力運轉的時間除以二，得到所謂的「等效全動力水準」（EFPL, equivalent full power level），當作驗證標準。顯然，這不太準確，但大家都未仔細研究。於是前面所稱最早的裂縫後來就說成了：發生於一三七五秒ＥＦＰＬ時。

現在，驗證規則變成「限制所有備用葉片在一三七五秒ＥＦＰＬ」了。也有人反對說忘了安全係數二，因此若是一具主引擎可以跑三八〇〇秒ＥＦＰＬ而沒有裂縫，除以安全係數二，就是一九〇〇秒了，則這樣的驗證規則也還算保守。

此外，自欺之處亦有三點：第一，我們只有一個樣品是最佳品，另外兩個跑了三八〇〇秒ＥＦＰＬ以上的主引擎，都至少有十七個裂縫（一具引擎有五十九個葉片）。其次，我們放棄兩倍原則，而代之以等時（一三七五秒）標準。之後，我們只能說在一三七五秒以下沒有裂縫，就是合格的。但最後一次測試只進行到一一〇〇秒ＥＦＰＬ，那我們就不知道究竟會在什麼時候發生破裂了。此數值要愈高愈好，因為一趟飛行返航時，已很接近那個時間極限了。（近乎三分之二的葉片超過一三七五秒ＥＦＰＬ才會出現裂縫，但最近的測試發現，有些葉片的確早在一一五〇秒時，就有裂縫出現。）

最後，航太總署放棄聯邦航空總署不能有裂縫的規則，而只承認完全斷裂的葉片為不及格。他們聲稱這樣做並未放棄標準，系統仍然安全。但是若根據這個定義，沒有引擎會不合格的，因為從開始有裂縫到斷裂，需要一段時間，那麼只要檢查所有葉片的裂縫就可以了。如果找到裂縫，就換新葉片，如果沒有裂縫，則飛航仍在安全時段內。也因此航太總署宣稱，裂縫問題不再是飛航的安全問題，而只是維修的問題。

這也許是對的。但裂縫是會隨時間加大的，難道不會恰好在任務中導致葉片斷裂？已有三具主引擎飛行超過三〇〇〇秒ＥＦＰＬ，只出現一些裂縫，但沒有斷裂發生。也許他們已經找到解決裂縫問題的方法，例如改變葉片形狀、覆以絕熱材料以減少熱震等等。到目前為止，新葉片倒是還沒有裂縫。

總而言之，「飛行準備評估」及驗證規則顯示，太空梭主引擎的品管檢查日漸鬆懈，這與固體燃料增力火箭的品管問題頗為類似。

## 航空電子系統

這裡的「航空電子系統」指的是太空梭上的電腦，以及周邊的感測器和輸出指令的致動器。我們先談電腦本身，不談輸入的資料（根據溫度、壓強等等而得）是否可靠，也先不管電腦輸出的信號是否傳達到火箭點火器、機械控制、儀表板等等。

電腦系統極為複雜，有二十五萬行程式。功能之一是控制太空梭升入地球軌道及降落進入大氣層（速度低於一馬赫）。太空人只要按下決定降落地點的按鈕就可以了，整個降落過程可以全自動。軌道飛行時，電腦可用來控制酬載，顯示相關資料給太空人看，與地面通訊等等。顯然，飛行安全需要極為準確的電腦硬體及軟體。

簡言之，硬體的可靠度是以四台相同的電腦來保證的。而且盡可能，每個感測器也有數份複製品（通常是四份），每一個都同時輸入資料到四台電腦。如果四個輸入有所不同，則取其多數或平均值，這完全視當時的情形而定。因為每台電腦都得到所有同一型感測器的信號，輸入完全相同，而程式又一樣，所以應該會有相同的指令輸出。這四台電腦在在一定的時間內互相比較數據，如果其中之一的數據不相同，或輸出太慢，那台就停用。若再有一台電腦發生上一台的情況，也馬上停用，這時就得取消餘下的旅程，由剩下的兩台電腦執行返航。

這是個多重備用系統，一台電腦當機並不影響航行。最後，再加一層保險：還有第五台獨立的電腦，內部只有起飛及降落的程式；若有兩台以上電腦失靈，它就可執行返航。

但是，電腦主記憶體容量不足以載入所有起飛、降落、酬載的程式，太空人必須藉由磁帶分四次載入。

因為更改軟體系統所耗人力極大；而自十五年前開始太空梭計畫以來，也還沒修改過硬體系統，所以硬體是過時的，譬如記憶體還是鐵心型的。要找製造這種老式零件的可靠廠商，不大容易。如果能換用新一代電腦，將會又快又正確得多，也不須再如此用磁帶載入，因為新電腦的記憶容量也要大得多。

檢查軟體是採用由下而上的方式仔細進行的。首先檢查每一行新程式，然後檢查具有特別功能的程式模組。一步一步增大範圍，直到整個系統都能執行這新加入的程式。最後的輸出就是最終的檢測成果了。另外有一組獨立的驗證小組，站在不同的立場來試驗軟體。在模擬飛行時，又測試一次。到了這個階段，如果還有錯誤，那就非常嚴重，要仔細研究其設計以免再發生。在所有的程式修改中（基於酬載變更而進行的修改），這種錯誤只發生過六次。

軟體檢驗的原則是：所有的驗證並不是以程式安全的觀點來進行的，它只是一種會不會導致災難的安全測試。飛行是否安全，就依據程式在測試時的表現來判斷；唯有程式的錯誤會影響到飛安，才會引起關注。

總而言之，電腦軟體檢驗系統要求極高。和火箭及主引擎安檢程序不同，沒有降低標準、自欺欺人之事。當然，也曾有管理人員嘗試減少繁複的檢驗方法，因為他們並不了解，即使是一丁點的程式修改，影響也可能非常大。當酬載改變時，一直不斷有修改程式的情形發生，當然這些修改耗費都很可觀。而正確的做法應該是減少修改的次數，而不是降低測試的品質。

值得注意的是，現代的新硬體及軟體技術可大幅改進系統的執行能力。因此，航太總署應慎重考慮改採新硬體設計的可行性。

至於對感測器及致動器的檢查，就不如檢查電腦般那樣謹慎了。例如，某一溫度計時好時壞，但十八日之後還是用那支時好時壞的溫度計，直到後來某次發射時，兩支溫度計同時失靈而導致任務取消。甚至，再下次發射時，居然還是使用那種溫度計。而噴氣操縱系統（reaction control system），即用來調整飛行方位的火箭噴流系統，還是不大可靠。那也有相當多的備用設備，但也有很多的失敗紀錄，只不過沒有嚴重到影響飛行的地步。另外，這類火箭的噴射動作也有感測器可茲檢驗，若火箭未點火，電腦就選備用的火箭引擎點火。但這些火箭可不是設計來失靈的，問題還是要解決。

## 結語

工程師受命維持看來夠長遠的發射計畫，時日一久，通常會跟不上原來較保守而嚴格的驗證標準，因為那些標準原先是為了保證能有艘非常非常安全的太空船而訂下的。工程師經常在沒有發生狀況的情形下，而且通常都會找個冠冕堂皇的理由，取巧修改了安全標準，以維持發射計畫。所以，太空梭是在某種不安全的條件下飛行的，失事率約為百分之一（這數字很難估得精確）。

另一方面，官方人員號稱失敗率只有十萬分之一。原因之一是為了向政府確保航太總署的能力和成績，以力保經費無缺。原因之二是，也許他們真的相信它完美無缺。這在在顯示管理階層與工程師之間缺乏溝通，實在令人不可置信。

但這也帶來極嚴重的影響，最嚴重的是鼓勵一般平民乘坐這個危險的機器，因為它似乎和民航機一樣安全。太空人就如同試飛員，應已知道可能的風險，我們對他們的勇氣深感敬佩。還有，誰能懷疑瑪歐麗芙的勇敢？她比航太總署官員更知道真正的風險！（注：瑪歐麗芙是挑戰者號爆炸時遇難的小學老師，第一位平民太空人，當局在出事前以她來象徵對教育的承諾，以及太空梭的安全性。）

希望我們的建議能確實讓航太總署的官員實事求是，正視技術的弱點和缺陷，進而解決這些問題。他們一定要認真比較太空梭和其他太空航行方法的代價，也要誠實估價和簽約，正視執行計畫的難處，而且只能提出確實能夠達成的飛行進度表；如果因此而導致聯邦政府不支持航太總署，那也只有認了。航太總署有責任對納稅人坦誠、公開，讓人民針對有限資源的用途，做最睿智的決定。

想要在技術上成功，實情要凌駕公關之上，因為大自然是不可以欺騙的。

# 第八章

# 科學是什麼？

## ——對於科學教育的主張

科學是什麼呢？
科學就是普通常識！
可它真那麼普通嗎？

一九六六年的一個四月天裡，
屬於大師級的費曼教授在「美國科學教師協會」的會議中發表演說，
向基層教師傳授如何教導學生的方法：
教導他們像個科學家般思考，
用好奇心、開放的心靈，
以及更重要的是，以懷疑的眼光來觀察這個世界。

這場演講同時也是對費曼父親（一位推銷制服的業務員）的致敬，
紀念他在費曼建立自己的世界觀的過程中，所發揮的莫大影響。

很感激狄羅斯（DeRose）先生給我這個機會，跟各位老師共聚一堂。我也是一位科學教師，不過，我的教學經驗都只是在研究所裡教研究生物理。我教書教得太久了，因此結果呢，我知道我並不怎麼懂得教書。

我很確定，各位貨真價實的老師，在整個教學架構的最底層工作、指導老師的老師，以及教材專家們，我很確定你們也不懂得怎麼教書，否則你們就不會跑來參加這個研討會了。

〈科學是什麼？〉這個題目並不是我挑的，而是狄羅斯先生挑的題材。但我想說的是，我覺得「科學是什麼」和「怎樣教科學」並不是相等的兩句話，而我必須要大家注意這件事，原因有兩個：首先，從我準備給你們做這場演講的樣子，很可能看起來我在嘗試告訴你們怎樣教科學。但我完全沒這樣打算，因為我完全不懂得怎樣教小孩子。我有個小孩，因此我曉得我不懂怎樣教科學。另一個原因是，因為有那麼多的演講和那麼多的論文，以及那麼多的專家都在弄這方面的研究，我想在你們之中，大部分人都多少感覺到信心不足了。在某方面來說，你們永遠都在聽別人說教，都在告訴你們情況不太妙，你們又應該學習如何能教得更好。我不想再貶損你們，不要再告訴你們，你們的表現有多糟，怎麼樣又有辦法改善一切；這不是我的用意。

## 蜈蚣碰到小蟾蜍

事實上，我們加州理工學院的學生都很優秀，而多年下來，我們發現他們愈來愈優秀了，究竟這是如何做到的呢？我不知道。我懷疑你們有誰會知道其中的原因。我一點也不會動念頭想插手改變現狀；這一切都好得很哪。

只不過在兩天前，我們才開會通過，決定以後不再需要在研究所開那門叫「基礎量子力學」的課了。當我還是個學生時，研究所內甚至連一門量子力學的課都沒有呢，因為當時大家覺得量子力學這門學問太深奧了。等到我開始教書時，我們開了一門這樣的課。現在，我們在大學部就開這門課了。我們發現，從別的學校跑來加州理工學院的研究生都已經會了，我們再也不用教他們基礎量子力學。為什麼可以這樣往下發展呢？因為我們的教學比以前進步了，而那也正是因為現在的學生受過比較好的教導及訓練。

科學是什麼東西呢？當然，你們其實全都知道答案的；如果你們都在教這些課的話。那只不過是普通常識而已。我能說什麼呢？

假如你不知道這個問題的答案，每本教科書的教師手冊裡，都對這個題目有詳盡的討論，裡頭有些曲解掉的、像蒸餾水般淡而無味、引述百年前培根（Francis Bacon, 1561-1626）所說的話。這些話本應是深奧偉大的科學哲學。不過，跟培根同一時代、真正有在研究科學實驗的一位偉大實驗科學家哈維（William Harvey, 1578-1657）就說，培根口中的科學，是搞政治的上議院議長才會做的科學。培根談到進行觀測，但漏掉了最重要的「判斷要觀測什麼，以及必須關注什麼」。

因此，科學到底是什麼？它不是哲學家說的那個樣子，更鐵定不是教師手冊裡頭所說的東西。它是——是當我答應了要做這場演講之後，自己替自己訂下來的難題。

想了一段時間以後，我想起了一首小詩：

有條蜈蚣樂優游，
不巧碰到小蟾蜍。
蟾蜍心情好得很，說：
「請問，你哪條腿先走，哪條腿後走？」
蜈蚣一想起疑心，
心神不定掉溝裡，
從此以後不會走。

我這一生都在研究科學，都知道什麼是科學。但等我要來告訴你們「你哪條腿先走、哪條腿後走」，我就無法做到了。甚至，我擔心會跟那首詩的比喻一樣，等我回家以後，從此不知道該怎麼做研究了。

好幾家媒體的記者都來找過我，想了解我這場演講大致上要說什麼，但我很晚才準備演講的材料，因此不可能滿足他們的要求。但現在我可以想像他們全都衝出會場外寫稿，標題說：「大教授聲稱，美國科學教師協會會長是隻蟾蜍。」

在這種情形下，眼看這個題目之困難，加上我對哲學式論述的討厭，我將會用一種很不一樣的方式，來表達我的想法。我會告訴你們，我是怎麼樣學會什麼是科學的。那會有點孩子氣，因為我還是小孩子的時候就學下來了，打從一開始，它就在我的血液裡流動了，而我想告訴大家這是如何發生的。這聽起來，好像我也是在嘗試告訴你們怎樣教書，但那並不是我的意圖，我要做的是，透過談我怎樣學會了科學是什麼的經過，來告訴你們什麼是科學。

## 都是因為我爸爸

一切都是由於我父親而起的。我母親還懷著我時，據說（我沒親耳聽到這段對話）我父親說：「要是這是個男孩，他將成為科學家。」他怎麼做到的呢？他從來沒告訴過我，我應該會成為一名科學家。他本身並不是科學家，而是個生意人，是一家制服公司的業務推銷員，但他讀了些關於科學的東西，十分喜歡。

我還很小的時候，我記憶所及最早的事情是，我坐在嬰兒高腳凳上吃東西時，每次吃完之後，父親會跟我玩一個遊戲。他從長島市某個地方買回來一大堆浴室裡用的舊方形瓷磚塊，我們讓磚塊站起來，一塊緊接著一塊排好，然後他讓我從一邊推下去，看著一整排東西倒下去。到這裡為止，一切都很好。

接下來，遊戲改進了。每個方塊的顏色不盡相同。我必須要放一塊白的、兩塊藍的、一白二藍、一白二藍的。也許我想多放一塊藍色的，但規矩是一定要放白的。你現在看出來其中的半狡猾半智慧了吧：首先讓他玩，玩到樂透之後，慢慢把有教育價值的材料注射進去。

我母親呢，是個感情比較豐富的女人，她開始弄明白了父親努力進行的詭計，於是說：「梅爾，拜託，如果他真那麼想的話，就讓那個可憐的小傢伙放一塊藍色方塊進去吧。」父親說：「不行，我希望他用心注意物件的模式（pattern）。在這麼早的階段，我唯一能教他、而又跟數學有關的，也就只有這些了。」如果有人要我做一場演講，講題叫「數學是什麼？」，那麼我剛剛就已經將答案告訴大家了。數學就是把模式找出來。

事實上，這種教育方法確實是有點功效的。我進幼稚園之後，就出現了直接的實驗證明。那時候，我們有編織課；現在他們都把這種課程取消掉了，覺得對小孩子來說太困難。那時候，我們把各種顏色的紙條一條一條編織起來，形成各式各樣的模式。幼稚園老師看到我編的東西之後，驚訝到特別寫了封信到我家，報告說這個小孩非常與眾不同，因為他好像在編東西之前就已經想好了要編的模式，而結果弄出一些讓人為之目眩的模式來。因此，那些方塊遊戲確實對我有點作用。

## 數學不過是模式

我要向大家報告一些其他的證據，說明數學其實只不過是一些模式。當我在康乃爾大學教書時，我對那些大學生很著迷及迷惘，在我看來，他們好像是一小撮有頭腦的人被放到一大群主修家政科的笨蛋之中，全被稀釋掉了般……其中包括很多女生。我經常坐在學校餐廳裡，跟學生坐在一塊兒吃飯，同時偷聽他們的對話，看看對話裡頭，有沒有半個有智慧的字眼跑出來。你們可以想像我有一次碰到重大發現時，有多驚訝。

我偷聽到兩個女生在對話，其中一人對另一人解釋說，如果你要弄出一條直線，你每往上一行，就往右邊走一個數目。換句話說，如果你每往上走一行的時候，就往右邊走同樣的距離，你就弄出一條直線來。這真是一道精深博大的解析幾何呀！對話就這樣繼續下去。我真的蠻詫異的。我之前沒有想過，女性心靈是有能力弄明白解析幾何的。

她繼續說：「現在再假定你有一條直線從另一個方向過來，而你想弄清楚它們會在什麼地方碰頭。」假定其中一條線是你每往上走一步，就同時往右邊走兩步，而另外一條線是每往上走一步，則往右方走三步，而它們一開始時相差二十步……。我簡直大吃一驚！她已經釐清兩條直線會在哪裡相交！

結果呢，原來這個女孩在跟另一個女孩解釋如何編織有多色菱形花紋的襪子。

我，因此之故，學到了一課：女性的頭腦確實有能力理解解析幾何。許多年來不斷堅持男女完全平等、而且有著同樣理性思維能力的那些人，也許有點道理（雖然他們面對的是「相反情況似乎才正確」的所有證據）。困難可能只不過在於，我們從來沒有發現怎樣跟女性心靈溝通。假如方法對了，也許你就能得到些什麼成果。

## π 從哪裡冒出來？

現在，讓我繼續談談我小時候的數學初體驗。

我父親告訴我的另一件事情，我不太能說得很清楚，因為其中牽涉到的情緒多於可以述說的故事。那件事情就是：任何一個圓的周長跟它的直徑的比值永遠都是同一個數值，不管圓的大小為何。那對我來說，並不那麼不明顯，可是那個比值有很多看似不大可能的特性，真是個神奇的數字，很深奧的數字，那就是「π」（這是個希臘字母的小寫）。這個數字有很多年輕時的我不大了解的神祕特質，不過這是很棒的事情，結果是，我到處找尋π的蹤影。

後來，當我在學校學會如何把帶分數寫成有小數位的數字時，我把三又八分之一寫成3.125。我記得有個朋友曾經把π寫成這個數字，說圓周與直徑的比是3.125，但老師修正為3.1416。

我舉這些例子想說明的是事件所帶來的影響。那個數字的神祕、神奇對我來說很重要，而不是數字本身是啥。許久以後，當我在實驗室做實驗時——我指的是家裡自己架設的實驗室，東弄弄，西弄弄。噢，對不起，我沒做什麼實驗，我從來都沒做過什麼實驗；我都在東弄西弄而已。總之，我製造過很多收音機和小機械。我淨在做些無聊事情。慢慢的，透過一些書和手冊，我開始發現有些關於電和電阻的方程式……等等。

有一天，翻著某本書，看著某些方程式時，我看到一道算出共振電路頻率的方程式，那個方程式是$2\pi\sqrt{LC}$，其中L是電路的電感（inductance）值、C是電路的電容（capacitance）值，而π也在其中，但圓在哪裡呢？你們現在都在笑，可是當時我可是極認真的。π是跟隨著圓而來的，而這裡的π則是來自一個電路，它代替了原先的圓了。

你們剛剛在笑的傢伙，曉得那個 π 是從哪裡跑出來的嗎？

我不由自主的愛上了那傢伙。我無法控制的到處找它、不停想它。然後我恍然大悟，當然了，電路中的線圈就是圓形，一圈一圈的。大約又隔了半年之後，我找到另一本書，書裡列出一些方程式可計算出圓形線圈以及方形線圈的電感值，而這些方程式裡還有其他的 π 呢。我開始從頭再思考一遍，醒悟到其實那個 π 並不是來自圓形線圈。現在我更了解這些東西了；但內心裡，我還是不怎麼知道那個圓形在哪裡，π 又從何而來……

## 名詞的定義不等於科學概念

我想說幾句話，容許我打斷剛剛那個小故事。我想說的是關於「字」和「定義」，因為你必須學會那些字。那並不是科學，但這並不代表說，只不過因為它不是科學，我們就不用教這些字詞。我們並不是在討論要教些什麼，而是在討論科學是什麼；知道怎樣把攝氏多少度轉換為華氏多少度，並不是科學。

同樣的，要是你在討論繪畫是什麼，你不會說繪畫就是等於知道 3B 的鉛筆芯比 2H 鉛筆芯軟而已。當中，很明顯的大有分別。這並不等於說，教繪畫的老師不應該教學生這些知識，或者畫家不懂這些也可以繼續過活。（其實，只要花一分鐘試試兩種鉛筆，就知道答案了；但那是一種科學方法，繪畫老師也許沒想過需要做此說明。）

為了能互相對話，我們必須用到字詞，而那完全沒什麼不對。但知道其中的分別是個好主意，另一個好主意是知道什麼時候我們在教的是科學工具，就像一些字呀、名詞等等，而什麼時候我們則在教科學本身。

再說清楚點，我就要找一本科學書來狠批一頓的了。但這是不公平的，因為我很確定只要花點小聰明，我就能夠同樣狠狠批評其他的科學書。

有本小學一年級的科學圖書，在第一課中就用一種很令人遺憾的態度來教科學，因為它一開始就介紹了一些錯誤的科學觀念。那裡有幾幅圖畫，上面是一隻小狗，可以上緊發條的玩具狗，有一隻手靠近發條的旋轉鈕，然後玩具狗就能夠走動。在最後一幅圖畫下面，課本問：「是什麼使得它能走動的？」之後，又有一張真狗的照片，以及相同的問題：「是什麼使得牠能走動的？」再來是一張摩托車的照片，以及同樣的問題：「是什麼使得它能走動的？」

起先，我以為他們接下來準備說科學到底是什麼：物理啦、生物啦、化學啦。但不，答案都在教師手冊裡；原來我要嘗試學習的是：「是能量使得它（牠）能走動。」

請注意，能量是一個寓意很深遠的概念。它是個非常非常難弄對的東西。我的意思是，想釐清能量這個概念，直到能夠正確運用它，能夠應用能量的概念導出一些正確結論，是很不容易的一件事，完全超出小學一年級的範圍了。這等於說：「上帝使得它走動，」或者說：「小精靈使得它走動，」或：「能夠走動的能力使得它能走動。」（其實同樣的，你也可以說：「能量使得它停止不動。」）

我們用這樣的方式來說吧：那只不過是「能量」的定義，而這定義應該反過來敘述才對。我們也許可以說，當某些東西能移動的話，表示裡頭有能量，但不是「使得它能走動的是能量」。這是很微妙的分別。這跟「慣性」這個說法情況相同。或許我可以用以下的說法，來釐清其中的分別：

如果你問孩子，到底是什麼使得玩具狗會走動；如果你問任何一位尋常百姓，是什麼讓玩具狗跑動。那樣才是你應該思考的事情。答案是，因為你把發條上緊了，當發條拚命重新鬆開時，便推動著其他的齒輪。那是多麼美好的開始念科學的方法！拆開那玩具吧，看看它到底是怎麼運作的，領略一下齒輪有多聰明，用心看看那些機械結構。學一點有關這個玩具的種種：玩具是如何拼裝起來的、人們的智慧巧思、設計這些機械和其他東西等等。其實那些問題很好，只不過答案有點不幸，令人遺憾，因為他們嘗試教導的，只不過是能量的定義，但小孩子啥也沒學到。

假定有個學生說：「我不覺得是能量使得它走動。」這樣的討論會把我們引導到什麼方向呢？

終於，我想到了一個方法，能夠檢驗你究竟是在教概念，或是在論述一個定義。試試這樣做吧：你說：「不要提到你剛剛學到的那個新名詞，試試看用你的語言，重新把剛才學到的東西講述一遍。」「不要提到『能量』這個名詞，現在告訴我，你對小狗的跑動或動作有什麼理解。」結果你辦不到。於是，除了一個定義之外，你啥也沒學到。你什麼科學也沒學到。也許那也沒什麼大礙，也許反正你根本沒想過要立刻學到什麼科學，而覺得應該先學些定義。但做為學習科學的第一課，那樣的做法不是很有可能把學生毀掉嗎？

我想，做為生平的第一課，為了回答一些問題，而學習一個神祕莫測的方程式，是很糟糕的。那本書還有其他的例子，例如「重力使得它掉下來」、「你的鞋底因為摩擦力而愈磨愈薄」等等。鞋底愈磨愈薄，是因為它在路面上磨，而路面上的凹凹凸凸將鞋底一小片一小片的拔走。單單說鞋底變薄的原因是摩擦力，這是很悲哀的，因為這不是科學。

## 這才是學習科學的第一課

等到我比較有概念之後，父親也跟我討論了一下能量這東西。我曉得他要做什麼，因為其實他說的基本上是同樣的東西，雖然他用的並不是玩具狗的例子。如果他要給我上同樣的課，他會說：「它會跑動，是因為太陽照射的關係。」我就會說：「不！那跟太陽照射有什麼關係？它會跑動，是因為我把發條旋緊而已。」

「那為什麼，我的朋友，你有辦法動手把發條旋緊？」

「我吃東西呀！」

「我的朋友，你吃些什麼東西？」

「我吃植物。」

「而植物又是怎麼長出來的？」

「植物長出來，是因為太陽在照射。」

那隻活的狗，道理也一樣。汽油又如何呢？答案是：長期累積下來的太陽能被植物吸收之後，藏在地底。其他例子全都以太陽收尾。因此，我們教科書裡談到這個世界的同一個觀念，用不同的說法描述之後，竟變得很讓人興奮。我們看得到的所有在移動的東西，都是由於太陽的照射才會移動。它真的說明了一種能源和另一種能源之間有些什麼關連，而小朋友也可以反駁。他可以說：「我不覺得這是由於太陽在照射，」接著你們可以展開一場討論。因此，這是有著很大分別的。（後來我跟我父親挑戰潮汐的問題，以及究竟是什麼力量使得地球旋轉，而再一次接觸到大自然的奧祕。）

那只是一個例子，說明定義（這是有其必要的）和科學之間的分別。我唯一要提出的抗議，是在這個例子中，它居然成為學習科學的第一課。事實上，它當然應該晚一點才出場，告訴你什麼是能量，但不是單純用來回答像「是什麼使得小狗會走動？」這樣簡單的問題。教小朋友就應該給他一個小朋友的答案。「把它打開，讓我們看看裡頭是怎麼一回事。」

## 科學就是耐心

在森林裡和父親散步時，我學到很多東西。例如說，在雀鳥的例子中，父親不會提牠們的名字，而會說：「看，注意雀鳥總是在啄自己的羽毛。牠經常啄羽毛。你猜，牠為什麼會啄自己的羽毛呢？」

我就猜，因為羽毛亂掉了，而牠嘗試將羽毛整理好。父親說：「好，那羽毛什麼時候變亂了？或者說，羽毛是怎麼亂掉的？」

「當鳥飛行的時候。牠走來走去的時候，一切都沒問題，但當牠飛行的時候，羽毛就弄亂了。」

然後父親會說：「照你這麼說，接下來你就會猜，跟『羽毛已經整理好，而在地面上已經走了好一會兒』的情況相比較，結果應該是當鳥兒剛著陸的時候，牠比較會去啄羽毛。好，讓我們看看是不是這樣。」

於是我們就周圍看看，仔細觀察。結果發現，就我們所能分辨的看來，無論在地上走多久，或者是剛剛飛行完畢，雀鳥啄羽毛的頻率都一樣，而不單只是飛行之後而已。

因此，我的猜測錯掉了，而我想不出正確的理由，這時父親才揭開謎底。

這是因為雀鳥身上有蝨子。父親教導我說，羽毛上有很多碎屑掉下來，那是可以吃的東西，蝨子就吃這些東西。而在蝨子的身體上呢，牠們腿上的關節中會分泌出一些蠟，而有一種能以這種蠟維生的小蟲就住在蠟裡面。對這些小蟲子來說，這種食物來源太豐盛了，牠不太能將它完全消化，於是從尾巴分泌出一種飽含糖分的液體，而在這液體之中，又有一些小生物住在那兒……。

事實上，他說的不大對，但態度是對的。首先，我學到了寄生蟲，一隻寄生在另一隻身上……又寄生在另一隻、另一隻的身上。

第二，他接著說，在這個世界裡，只要有能吃進肚子裡、能維持生命的食物來源，就會有某些生命體想出辦法來利用這些食物；而任何剩下來、多出來的東西，也會有其他生命體把它吃掉。

重要的是，儘管我沒有追蹤到最終的結論，這些觀察結果就已經是一片神奇的黃金，帶來神奇的結果。這真是美妙之極的事情。

假如有人告訴我，要進行觀察，列一張表，寫下來，做這些、看那些。而當我寫好我的觀察名單，他們就只是把這單子和另外一百三十張單子疊在一起，夾在檔案夾裡，那麼我學到的就只會是：觀察到的結果都是滿沉悶的東西，從中得不到什麼。

我想，至少對我而言很重要的是，如果你要教別人進行觀察，你應該讓別人看到，從觀察中可以得到一些美妙的東西，那樣我才能學到科學是做什麼的。其實，科學就是耐心。如果你用眼睛看、用心看、專心一志，從中就會得到很好的回報。雖然並非每次都能這樣，但結果是，當我長大成比較成熟的人之後，我就會不怕辛苦，一小時一小時、甚至經年累月研究題目。有時候要很多年，有時候不用那麼久；許多時候都失敗了，很多東西跑到字紙簍裡；但就像我小時候已經學會了去預期「偶然會從觀察裡找到一片黃金經驗，發現新的理解」，所以我會很有耐心的繼續做下去。因為我沒有學過的，是「觀察只不過是些不值得做的事。」

## 請告訴小朋友，這是個奇妙的世界

順便一提：我們在森林裡，還學到了其他東西。我們就那樣在森林裡散步，盡情觀察、討論很多事物。例如討論生長中的植物，樹木為了陽光而掙扎、它們如何盡力往上生長，但同時要解決將水分送到三十五或四十英尺以上的問題；而位於地面上的矮小植物又如何找尋穿透到地面上的陽光、如何生長等等。

當我們看完了這一切之後，有一天，父親又帶我到森林裡，說：「這些日子以來，我們在森林裡不斷的觀察，可是事實上，我們只看到其中的一半，剛好一半。」

我問：「你的話是什麼意思？」

他說：「我們一直在觀察這些植物怎樣生長，但相對於每一丁點的生長，就一定有同樣分量的衰腐，否則物質會永遠的只有被消耗掉。逝去的樹躺在那裡，耗盡了它從空氣中、從地表上汲取回來的一切，不會就那樣回歸到地表或空氣中，而由於缺乏維生的材料，因此也長不出什麼來。因此，相對於每一丁點的生長，一定會有剛好同樣分量的腐爛衰頹。」

接下來許多次，每當我們在森林裡散步時，我們會把老樹樁弄斷，看到裡頭奇形怪狀的蟲子和長出來的蕈和黴菌。這無法讓我看到細菌，但我們看到、體會到那種使堅硬剛強的東西軟化衰落的效應。我看到，森林是一個永不停息、將物質轉來變去的過程。

我父親有很多這類關於各種事物的奇怪描述。開頭，他會這樣說：「假定火星有個人跑到地球來看看這個世界。」這是個「看看這個世界」的好方法。再舉個例子，我在玩電動火車時，父親跟我說，這世界好比是一個用水推動的巨大輪子，巨輪上接了很多銅線，四面八方向外延伸；另外還有許多小輪子，巨輪轉動時，所有的小輪也轉動起來。巨輪跟小輪之間的關係只有銅和鐵，沒有其他了，沒有其他會動的部分。你轉動這巨輪，各地的小輪子都轉動起來，而你的小火車就是其中之一。父親告訴我的，是個很奇妙的世界……

## 科學就是懷疑

我想，科學可能是像這樣的東西：在這個星球上，出現了生命的演化，演化到了某個階段，動物冒出頭來了，而動物具備了智慧。我並不單指人類這種動物而已，而是泛指那些會玩耍的動物，能從經驗中學到點什麼的動物，例如貓。但在這個階段，每隻動物都只能從牠本身的經驗來學習，又或者牠能教導另一隻動物，或者牠看到別人如何做等等。因此出現了一種可能，就是所有動物都能學會某種事情，只不過這個傳授過程效率不夠高，而牠們會死亡，那些已經學會的動物也會死亡，根本來不及傳授給其他動物。

問題是，某些人從某些意外事件學到東西之後，其他人從他那裡學到這份經驗的速度，可不可能追得上忘記東西的速度，不論是記憶力不好，或者是由於學生或發明者的死亡？

那麼，也許後來出現了這麼一個時刻：在某些物種之中，學習的速度加快了，快到忽然之間出現了全新的局面；某隻動物可能在學會了某些事情之後，傳授給另一隻，再傳授給另一隻，而且速度夠快，使得這個族群再不會失去這份學習。結果，就整個族群而言，知識的累積，是可能發生的事情。

這種情形稱作「時間共存」（time-binding）。我不知道是誰開始使用這個名詞的，總之，我們這裡就有一些這種動物的樣本，坐在這裡試圖把某個人的經驗保存下來，移植到另一個人身上，每個人都嘗試著從別人那裡學到東西。

整個族群擁有集體記憶、擁有累積而來的知識，能一代一代傳下去的現象，對這世界來說，是史無前例、全新的現象。可是，這個過程帶著一種疾病：錯誤的想法也有傳到下一代的可能，換句話說，傳播開來的想法也許對整個族群而言是不利的。這一族人擁有一些想法，但這些想法不見得一定會帶來好處。

於是，曾經有這麼一段期間，雖然許多想法累積得很慢，但除了累積有價值和實用的東西之外，還留下了各式各樣的偏激、奇異、古怪的信念。

然後，發現了一個避免生病的方法，就是對於從過去流傳下來的東西要抱著懷疑的態度，懷疑那到底是不是真實無訛，而且打從一開始，就要嘗試找出到底情形如何，一再與自己的經驗相驗證，而不是上面流傳下來什麼，就照單全收。

這樣就是科學了：發現某些有價值的結果後，用新的、直接的經驗來與之相互印證，而不一定接納、信任族群間過去流傳下來的經驗。這是我的看法，也是我能提出的最好的定義。

## 科學就是別理會專家

我想提醒你們一些大家都很熟悉的事情，好提振一下各位的熱忱。宗教教誨的是道德課題，但他們不只教一次而已，你會受啟發、再啟發。我覺得一再的啟發、鼓舞是必要的，我們必須記得科學對於兒童的價值、對成年人的價值以及對其他所有人的價值。不單只是因此我們就會成為更好的國民、更能控制大自然，其實還有些別的東西的。

其中一種價值，就是由科學所營造出來的世界觀。透過新經驗得到的結果，我們發現了世界的美和奇妙。也就是說，我剛剛提到的奇妙事物：東西會動的原因是太陽的照射，這是個很深遠的概念，很奇怪，也很奇妙。（不過，並不是所有事物都因為太陽照射才會動。地球的自轉就和太陽照射無關，最近在地球上完成的核反應是另一個例子，這是一種新的能源。火山活動也很可能是由太陽之外的力提供能量的。）

學過科學之後，世界看起來是多麼的不同！舉個例子，樹木的主要構成成分是空氣，所以等到它們燃燒時，一切又回到空氣中。在燃燒的火焰裡，原先從太陽吸收進來、被封鎖在那裡將空氣轉變為樹木的熱量，重新釋放出來；剩下來的灰燼呢，全都不是來自空氣，而是來自固固實實的地球。

這些事情美麗萬分，而科學的內容，充滿了類似的美妙東西。它們很有啟發性，可啟發我們自己，也能用來啟發別人。

科學的另一項特質，是它教導我們理性思維的價值，以及自由思想的重要；正面的結果就來自「懷疑課堂上所教授的東西是否全部正確」。在這裡，你必須小心分辨，小心把科學和有些時候用在建立科學上的形式或程序步驟區分開來，特別是在教書時。說「我們寫這寫那、做實驗、觀測，以及做這些做那些」都很容易，你大可一五一十的模仿那形式。不過各式各樣的偉大宗教，也是由於盲目模仿形式、沒有好好記住偉大領袖的教誨而蕩然無遺。同樣的，很有可能發生的是，單單模仿形式而稱之為科學，但其實只是偽科學。就這樣，今天在許多機構和組織中，由於偽科學家的專蠻橫行，我們全都深受其害。

例如說，我們看到有很多關於教學的研究，其中研究人員進行觀察，製作數據表、做統計，但這些研究並不就此變成堂堂正正的科學、堂堂正正的知識。它們只不過是一種科學的模仿版本，就好像南太平洋的土著用木頭製造停機坪和無線電塔台，然後預期會有一架偉大的飛機從天而降一樣。他們甚至還造了一架木頭飛機，跟我們在島上其他外國機場上看到過的飛機一模一樣，但奇怪的是，這些飛機竟然飛不起來！

類似的偽科學仿效的結果，是製造出一批專家，正如你們當中許多人一樣，是教育專家。身為教師的各位，真正在基層教導小朋友的你們，也許偶爾應該懷疑一下那些專家。從科學中學習吧，你一定要懷疑那些專家！事實上，我也可以用另外一種方式來定義科學：科學就是「別理會專家」這個信念。

## 科學就是真智慧

當某人說科學教的是這些和那些時，他其實是誤用了這個名詞。科學沒有在教東西；經驗才在教我們東西。如果他們對你說科學證實了這些事情，你也許會問：「科學怎麼樣證實這些了？科學家是如何找出證據的？怎麼找？找到哪些證據？在哪裡找到的？」證實了這些事情的，不是科學，而是這個實驗或這個效應。聽到關於這個實驗的種種時（但我們必須聆聽完所有的證據），你跟任何人一樣有同等的權力，判斷是否因此得出一個可供重複引用的結論來。

在一個如此複雜、真科學依然寸步難行的環境中，我們必須依賴、回歸到舊式的智慧，依靠某種直截了當的「直觀」。我在嘗試的，是給各位站在基層的老師們一些激勵，你們應該對普通常識和與生俱來的智慧多抱些希望和信心。那些帶領著你們的專家，也可能犯錯的。

我大概大大損毀了這個系統，以後加州理工學院的學生再不會像以前那麼優秀了。我覺得我們活在一個不科學的年代，在這樣的年代裡，差不多所有的大眾傳播、電視裡的用字、書本等等，都是很不科學的。這並不等於說他們都很壞，但他們都不科學。而因此，出現了某些以科學之名而存在的「知識專制」。

最後要提一下，人的一生，止於墳墓。每個世代從經驗中發現的東西，必須往下一代傳下去，但在傳承的同時，必須兼顧一些微妙的平衡，有所尊重，也有所唾棄，這樣整個種族（現在大家已警覺到種族會感染到的毛病）才不會硬將它的錯誤強加於年輕一代的身上，而是確確實實的將累積下來的智慧、以及體認到「這些智慧不一定是真智慧」的智慧，一起傳下去。

我們必須教導的，是同時接納及摒棄過去，達成平衡。這需要滿多技巧的。在各個學問中，唯有科學本身包含了「相信上一代偉大導師永遠正確，是很危險的」這樣一課。

所以，大家繼續努力吧。謝謝各位。

# 第九章

# 世界上最聰明的人

## ——對於研究物理的主張

這篇是《全知》(*Omni*)雜誌在一九七九年訪問費曼的精彩對話實錄。

費曼談論了他最了解及最喜愛的物理，

以及他最不喜歡的哲學。

(「哲學家應該學會如何自我嘲笑。」)

在這次訪問裡，費曼討論了為他贏來諾貝爾獎的研究題目

——量子電力力學(QED, quantum electrodynamics)；

接著他談到宇宙學、夸克，

和那些令人煩惱的、使很多方程式不知如何是好的無限大數值。

「我想，這套理論只不過是一種把問題和困難都掃到地毯底下，掩蓋起來的方法而已，」費曼說：「我當然對這些都不大肯定。」這聽起來很像那種在某個科學研討會上，有人宣讀了一篇很具爭議性的論文之後，來自聽眾的批評。可是，費曼就是站在講台上宣讀論文的那個人，而且正在宣讀他領取諾貝爾獎的演講辭。他質疑的理論，量子電動力學，最近才剛稱作「有史以來最精確的理論」；根據這套理論所作的預測，後來都經實驗證實，誤差在百萬分之一的範圍之內。當費曼、許溫格以及朝永振一郎（注一）各自獨力在一九四〇年代發展出這套理論時，他們的同行額手稱慶，稱之為「大掃除」，因為這理論解決了長久以來的許多難題，而且也把百年來最偉大的兩個物理概念，相對論及量子力學，緊緊融合在一起。

在整個學術生涯裡，費曼都把他的理論天分和毫不恭敬的懷疑論調混雜在一起。一九四二年間，當他在惠勒（注二）指導之下拿到博士學位之後，就被指定加入曼哈坦計畫。在羅沙拉摩斯，他是個天不怕地不怕的二十五歲天才小子，不論是圍繞在他身邊的巨人，例如波耳、費米、貝特（請見第三章），或者是曼哈坦計畫的高度機密和緊張性質，都嚇不倒費曼。那裡的保安人員倒是被他開保險櫃的能耐嚇壞了。費曼有時候靠著聆聽鎖裡機械結構的聲音，有些時候則單靠猜想保險櫃的主人可能會採用的密碼組合，而將鎖打開。從那之後，費曼的性情可是從沒改變過；他在加州理工學院的許多學生，在學物理的同時，也學會了開鎖的技巧。

戰後，費曼在康乃爾大學工作。在那裡，就像他在這次訪談之中所回憶的，貝特是促使他產生「解開無限大數值難題」靈感的催化劑。

在氫原子裡，電子的運動是十分快速的，快到當你要計算它們的能階以及各電子之間的力時，必須將相對論效應也考慮進去，而當時，這些正是三十年來物理學家最前端的研究題目。物理學家提出的一個說法是，每個電子周圍有一些生命短暫的「虛粒子」，虛粒子的質能乃是從真空召喚而來，而這些粒子又召喚出其他的粒子。結果就是一個數學式的巨塔，一層疊在另一層之上。最後，這套假說居然預測：每個電子都攜載了無限大的電荷！

一九四三年，朝永振一郎提出一個可以避開這個難題的方法。而就在大家開始知道他的想法時，在康乃爾大學的費曼和哈佛大學的許溫格也各自獨力發展出同樣的關鍵構思。一九六五年，他們三人分享了當年的諾貝爾獎。到了這時候，由費曼發展出來的

注一：許溫格（Julian Schwinger, 1918-1994），美國物理學家；朝永振一郎（Sin-Itiro Tomonaga, 1906-1979），日本物理學家，因對量子電動力學有卓越的貢獻，與費曼同獲一九六五年諾貝爾物理獎。

注二：惠勒（John Archibald Wheeler, 1911-2008），美國物理學家，「黑洞」一詞發明人，量子重力的主要創始人之一；早年和波耳共同創「液滴核子模型」，用來解釋核裂變現象。

「費曼積分」數學工具，以及用以追蹤粒子交互作用的「費曼圖」，早已成為每個理論物理學家必備的技巧了。同樣是羅沙拉摩斯老兵的數學家烏蘭（Stanislaw Ulam, 1909-1986）就推崇費曼圖為一種「能夠將我們的思維推往有用、甚至新穎無比以及具有決定性的方向上的記號」。舉個例子，從這種記號很自然衍生出來的一個想法，就是逆時間方向走的粒子。

## 神奇深沉的人物

一九五〇年，費曼搬到帕沙第納的加州理工學院。他講話時依舊帶著很明顯的紐約客口音，然而南加州好像是個很適合他的安樂窩，因為他對拉斯維加斯以及夜生活，顯然非常喜愛——這是他的同事經常講來講去的各種「費曼故事」之中，最廣為流傳的。「我太太無法相信我真的接受這一場需要穿燕尾服的演講邀約，」費曼說：「我還真的考慮過改變主意。」

《費曼物理學講義》（*The Feynman Lectures on Physics*）這套書從一九六三年面世以後，就廣獲各大學院校選擇為教學之用，而在這幾本書的序言裡，附有一張費曼面帶瘋瘋的微笑、在拍打森巴鼓的照片。據說在打鼓時，他可以在同時間內，一手拍十下，另一手拍十一下；請試試看這樣打鼓，也許你會因此覺得量子電動力學還比較容易些。

在費曼的諸多成就當中，還包括氦在過冷狀態下的相變研究，以及和同樣在加州理工學院物理系任教的葛爾曼（注三）一起完成的原子核貝他衰變理論。但他指出，這兩項研究距離最後真相大白的階段，仍然有很遠的一段路。事實上，他毫不猶疑的稱量子電動力學為「騙局」，留下許多重要的問題避而不答。

到底是怎麼樣的一個人，會一方面做出那樣高水準的研究工作，但另一方面，依然保持著如此尖銳深沉的懷疑態度？請繼續看下去吧，自有分曉。

《全知》雜誌提問：對於我們這些門外漢而言，高能物理的目標好像就是找出構成物質的最終極、最基本的成分。似乎這一場探究之旅，可以回溯到古希臘人所提出來的「原子」觀念，即「再也無法切開的粒子」。可是目前利用巨大加速器所做的研究結果，

注三：葛爾曼（Murray Gell-Mann, 1929-2019），美國物理學家，在研究及發現基本粒子的分類與交互作用方面，有非常多貢獻，一九六九年諾貝爾物理獎得主。葛爾曼於一九六四年提出夸克（quark）的概念及命名。夸克一詞是從《芬尼根守靈夜》（*Finnegans Wake*）這部小說借來的。那是愛爾蘭名作家喬伊斯（James Joyce, 1882-1941）的作品，自一九二三年寫到一九三九年完成，書中有許多謎語，有些尚未破解。在小說中，夸克代表的是海鳥鳴聲。

你得到的物質碎片比你原先打進去的粒子還要重，又或者得到的是永遠無法分離獨立開來的夸克（見第79頁）。這對於那探究之旅，有著什麼樣的意義呢？

費曼：我不覺得那就是這趟探究之旅的目標。物理學家嘗試做的是「找出大自然的運作方式」；也許他們會不小心談到一些什麼「終極粒子」，因為有些時候，大自然看起來的確就像那麼一回事，但是……假定說人們在探索一片新大陸，他們看到地面上有水流過，這他們已經看過了，這叫做「河流」。他們就說，他們繼續探索水的源頭，於是往上游走去，果然，水源找到了，一切都很順利。不過喔，等一下，當他們往上游走得夠深入時，竟發現完全不一樣的系統：那裡出現一個大湖，或是有一道泉水。你也許會說：「啊哈！他們失敗了！」但事實上才沒有呢！他們做這一切的最主要原因是探索這片土地。要是最後發現那還不是真正的水源，大家也許會有點尷尬，因為他們提出說明時太大意疏忽了，但也僅此而已。只要這東西的結構看起來是一層蓋著一層，那麼你的目的就是要找到最裡面的一層。但最後，也許發現真相完全不是那麼一回事，於是你就更要弄清楚究竟你找到的是什麼鬼東西！

《全知》：但對於將會找到些什麼，事前也一定會有點概念及猜想吧？像一定會有些高山和山谷之類的……？

費曼：是呀，但如果等你跑到那裡，看到的卻都是雲呢？你可以預期某些東西，也可以擬好各種理論，計算分水嶺的拓撲學等等，但假如你找到的是一團霧，比方說，裡頭有些東西慢慢凝固後冒出來，天空和陸地都無法分清楚，那又該如何呢？原先的觀念全都沒用了嘛！三不五時那種情況就會發生一次，而那才叫人興奮。如果有人說：「我們要找到那些終極粒子，或者是統一場論，」或者是什麼什麼的，那個人就太膽大妄為了。如果結果出乎意料之外，科學家才會更加高興。你以為他會說：「噢，這不是我原先能預期的，根本沒有終極粒子，我不要繼續研究它，」會嗎？不，他會說：「那麼，這到底是什麼鬼東西？」

《全知》：你寧願看到這種情形出現？

費曼：寧不寧願對事情啥影響也沒有，我找到什麼，就找到什麼。你也不能說永遠都會出現意料之外的事情。幾年前，我十分懷疑規範場論（注四）的正確性，部分原因是，當時我預期強核作用力跟電動力學的分別會更大，但現在看來並非如此，當時我預

注四：規範場論（gauge field theory），粒子物理學裡描述次原子粒子間各種作用力的理論。電磁場（即光子場）與強核作用力場（即膠子場）都是規範場。

期的是雲霧，但現在看來，結果還是高山和山谷。

《全知》：未來的物理理論是不是會愈來愈趨向抽象和數學化？今天還可不可能出現像法拉第（注五）那種十九世紀初的理論家，那種數學能力不見得很強、但對物理有很強大的直覺能力的物理學家？

費曼：我會說機率不怎麼高。單說一件事好了，你必須懂數學，才能弄明白到目前為止，人家做過什麼研究。然後，那些次原子核系統之奇形怪狀，跟腦袋原先準備要處理的問題比起來，抽象太多了，就好比想要理解冰，首先你必須理解一大堆跟冰很不一樣的東西。法拉第提出的模型是很機械的，空間裡充斥著彈簧、鐵絲以及扯得緊緊的帶子，而他看到的影像全都來自很基本的幾何學。我想就他那種觀點而言，能理解的我們都理解透了。我們在這個世紀發現的，跟以前的東西很不一樣、很古怪，要取得更大的進展，需要很多的數學。

《全知》：這樣的話，會不會限制了大家，使得只有少數人能做出貢獻，甚至只有少數人能夠明白究竟發生過什麼事？

費曼：除非有人發展出另一種思考問題的方式，使我們不用花那麼多力氣就能理解這些東西。也許他們會愈來愈早開始教這些知識。你知道，很多所謂深奧難懂的數學，其實並不真那麼困難的。只消看看電腦程式，以及處理程式所要求的細心邏輯，那種爸爸媽媽說只有教授級人物才具備的思維能力，就很明顯了：目前電腦程式已經變成日常生活的一部分了，它早已經變成謀生方式的一種。小孩子對這產生了興趣，找到一部電腦之後，多能創造出最瘋狂奇妙的東西！

《全知》……火柴盒上也有程式學校的廣告！

費曼：沒錯。我不相信什麼「只有少數怪人有能力理解數學，而世上其他人都很正常」的想法。數學是一種人類的發現，它不會比人類能理解的東西更複雜。我以前有一本微積分課本，裡頭說：「這個笨蛋做得到的，另一個笨蛋也做得到。」我們研究大自然到目前為止所得到的一切成果，在沒有研讀過這些東西的人眼中看來，也許是很抽象和嚇人，但這些都是由笨蛋研究出來的，到了下一代，每個笨蛋都看得懂了。

注五：法拉第（Michael Faraday, 1791-1867），英國物理學家兼化學家，任職於倫敦的皇家科學研究院（Royal Institution），工作之一是每週設計一個實驗，向那些對科學有興趣的會員示範。由於需要不斷創新點子，使得法拉第成為史上最偉大的實驗物理學家之一。一八三一年，法拉第成功證明了電與磁只是一體的兩面，兩者合稱為「電磁」。

這些東西都有點誇大，大家喜歡把事情講得很深奧、很精深博大似的。我的兒子在修一門哲學課，而昨天晚上我們一起看一些史賓諾沙（Baruch de Spinoza, 1632-1677）的東西，而那真是些幼稚極了的思維啊！裡頭都是這些屬性啦，本體等等毫無意義的東西在咬來嚼去，我們就笑起來了。那麼想想看，怎麼會發生這樣的事情呢？史賓諾沙可是個偉大的荷蘭哲學家，而我們在嘲笑他。因為他說的是毫無理由、毫無藉口的事！在史賓諾沙的同一時期有牛頓，還有哈維在研究血液循環系統，這些人都有很多分析的方法，而進步也由此而來！你可以把史賓諾沙提出的主張一條一條攤開來，提出相反的主張，然後看看這個世界，以作印證；而你會分不出哪一個是對，哪一個是錯。當然，大家都很感到震懾，因為他有勇氣去面對和思考這些偉大的問題，可是如果面對問題卻毫無進展，那麼單有勇氣也於事無補。

《全知》：在你的一些演講集裡，哲學家談科學的話都頗受到批評……

費曼：叫我生氣的事不是哲學，而是其中的誇大。如果他們能自我嘲笑就好了！要是他們說：「我想這應該是如此這般，但馮萊比錫說應該那樣那樣，而他也有可能是正確的。」如果他們解釋說，這就是他們能做出的最佳猜想……但他們很少那樣做，相反的，他們抓住「也許沒有什麼終極粒子」的可能性，就說你們應該全停下來不要研究，先來做些深刻的偉大沉思。他們說：「你們的思考都不夠深入，首先讓我來替你定義這個世界吧。」我呢，只打算不去定義這世界，卻仍要研究它！

《全知》：你怎麼曉得多大的問題才不大不小，剛好適合進行研究呢？

費曼：當我還在念中學時，我有一個想法，就是你可以把問題的重要性乘以解開題目的機率。你知道那種腦袋很技術導向的小孩，什麼東西都很喜歡找出最有可能、最有潛力的……總之，假如有辦法找出那幾個因素的正確組合，你就不會為了某個高深問題而浪費生命，或者是解一大堆很多人也有辦法解開的小問題。

《全知》：讓我們以你、許溫格和朝永振一郎拿到諾貝爾獎的題目為例子吧。三個解題方向都很不一樣；那個問題當時是不是已經水到渠成，到了解開的時機？

費曼：唔，量子電動力學是一九二〇年代末期的時候，由狄拉克（注六）等人發展出來的，就在量子力學之後。基本上，他們提出的理論是正確的，可是當你繼續想計算出

注六：狄拉克（Paul A. M. Dirac, 1902-1984），英國理論物理學家，創立相對論性量子力學，他展現了原子理論新而有效的形式，因而獲得一九三三年諾貝爾物理獎。

一些數值時，就會碰到一些很複雜的方程式，十分難解。你可以得到很好的一階近似值，但等你嘗試更進一步做出修正時，這些無限大的數值便開始冒出來了。二十年過去了，大家都曉得有這個問題，每一本談量子力學的書本最後幾頁都會提到這個問題。

然後我們看到藍姆（注七）所做的實驗結果，他們測量出氫原子裡電子的能階偏移。在這之前，原先粗糙的理論預測已經夠好了，但現在你看到一個十分精確的數值，例如一〇六〇百萬週（magacycle）。於是每個人都說該死，非解開這難題不可……他們早已知道理論有毛病，但現在這個十分精確的數值就擺在眼前。於是貝特根據這個數值，想出了一些估計，這個效應從那個效應減掉之類，使得那些會變成無限大的數值全停止下來，最後大概會停在某個數量級那裡，而他得出一個大約是一〇〇〇百萬週的數值。我記得貝特請了一堆人到他在康乃爾大學的家中聚會，但他卻被拉去做一些顧問諮詢的工作，無法參加。聚會還在進行中，他打電話來告訴我說，他是在火車上算出來的。等到貝特回來後，他做了一場演講，告訴大家這種「削去」法如何避開了那些無限大的數值，但一切還是非常東湊西拼的、十分混亂。他說要是有人能想出怎樣將這一切弄乾淨的話，就好極了。之後，我跑出去跟他說：「噢，那很容易，我有辦法。」你看，我在麻省理工學院念大四時，就對這題目有點概念了，當時我甚至還弄出個答案來。當然了，答案是錯的。

你看，這就是許溫格、朝永振一郎和我加入的時候了，我們發展出方法，把這種程序轉變為結結實實的分析，就技術上而言，是要從頭到尾都維持相對論性的不變性。朝永振一郎已經提出如何做到這一步的方法，而同一時期，許溫格也在發展他的方法。

我便帶著我的方法去找貝特。好笑的是，在這個題目的範圍內，我連最簡單的題目都不會做。我早應該學會的，但我太忙著玩我自己的理論了，因此我無從知道怎樣判斷到底我的想法行不行得通。我們就一起在黑板上計算起來，而得出的結果是錯誤的，甚至比以前的計算還糟糕。我跑回家想了又想，最後決定我要學習計算一些例題。算完之後，我又跑回去找貝特再試一次，而這次行得通了！我們一直弄不懂第一次計算時出了什麼差錯……大概是些笨錯誤。

注七：藍姆（Willis Lamb, 1913-2008），哥倫比亞大學教授，利用戰後除役的微波雷達著手研究氫原子中電子行為的基本疑問，研究結果就是藍姆移位（Lamb shift），也就是氫原子（或類似氫的離子）的實際能階與狄拉克的電子理論預測的能階之間的微小偏移，是電子自旋和質子自旋處於平行和逆平行這兩個狀態之間的能量差。此偏移吻合量子電動力學原理，這解決了理論與實際間的微小差距。藍姆因此獲得一九五五年諾貝爾物理獎。

《全知》：這將你的進度拖慢了多少？

費曼：不多，也許一個月吧。這對我也有好處，因為我重新檢討了一遍我做的計算，說服自己這應該是行得通的，而且我發明的、幫助我不出岔的這些圖是真的管用。

《全知》：當時你有沒有意會到它們後來會被稱為「費曼圖」，還放進課本裡？

費曼：沒有，一點也沒有。我卻記得有一次，我穿著睡衣坐在地板上，身旁圍滿了紙張，上面是這些可笑的圖，一團一團的，上面長了些線條。我跟自己說，假如這些圖真的派得上用場，其他人開始使用，而《物理評論》也要刊出這些可笑的圖，那不是很滑稽嗎？當然，我無法預料。首先，我根本沒有概念、沒想過這些圖會有多少個出現在《物理評論》上。而第二，我沒意會到，等到人人都在使用這種圖時，它們就不會那麼滑稽了……

【談到這裡，訪問暫停，移到費曼教授的辦公室之後繼續進行，可是錄音機卻當機不肯動了。電線、開關以及「錄音」按鈕都沒問題；然後費曼建議把錄音帶拿出來再放回去。】

費曼：好了，你看，你就是必須知道這世界是怎麼回事。物理學者都知道這世界是怎麼回事。

《全知》：把東西拆開又重組？

費曼：對了。總會有些髒東西，或者是無限大的數值或什麼的。

《全知》：讓我們就這話題再深入點談。在你的演講裡，你說過我們的物理定律原先很成功，將各種現象連結起來，然後X射線或者介子或差不多的東西出現；「永遠都有很多線鬆垮垮的四面八方掛在那裡。」在你看來，目前物理學中有哪些還未處理的鬆垮垮的線？

費曼：噢，像那些粒子的質量啦；規範場論替交互作用找到很漂亮的模式，可是對於質量就沒有同等待遇了，但我們需要理解這一組極不規則的數值。在強核作用力呢，我們又有了這套帶色彩（注八）的夸克和膠子的理論，理論很精準，論述也很完備，卻沒有多少實在一點的預測。就技術上而言，要找到確切無誤的驗證方法是很困難的，是一

注八：色彩（color），物理學家給夸克和膠子（gluon，傳遞強核作用力的玻色子）的一些性質取的名字，取這個名字並不因為它們真的有顏色，純粹為了要替這種新特性取一個好一點的名詞。在高能物理中，色彩是指一種廣義量子數，色（彩）量子數共有紅、藍、綠三個值，對應於光的三原色。每種夸克都可根據色彩再細分成三種。

大挑戰。我強烈覺得那是一條鬆垮的線；雖然目前還沒什麼跟這套理論牴觸的證據，但在我們有辦法用實在的數據來證明一些實實在在的預測之前，我們是不大可能有多大進展的。

《全知》：宇宙學呢？狄拉克提出過，也許那些基本常數會隨時間而變化，又或者是「大霹靂剛發生時，物理定律和後來不一樣」這個想法？

費曼：那鐵定會引起很多的議題。到目前為止，物理學在尋找理論和常數時，都試著不去問這一切從哪裡來，可是也許我們已經走到某個地步，必須把歷史也納入考量。

《全知》：關於這個問題，你有沒有什麼猜想？

費曼：沒有。

《全知》：完全沒有？沒有比較傾向哪一方嗎？

費曼：沒有，我是說真的。我就是這副德性，差不多對所有事情都如此。剛剛你沒問我，究竟我認為宇宙裡存在著最基本的粒子呢，還是我認為整件事只是一團迷霧；我會告訴你，我壓根兒啥概念也沒有。話得說回來，為了維繫工作熱忱於不墜，你必須說服自己相信答案就在「那裡」，這樣你才會在那裡努力發掘，對不對？因此你暫時讓自己帶著偏見，或者暫時相信自己；但無時無刻，在內心深處，你都在偷偷微笑。忘記你以前聽過的什麼「科學不帶偏見」吧？此時此地，在這個訪問中談到的大霹靂，我是毫無偏見的。但當我在做研究時，我的偏見才多呢！

《全知》：偏見是偏向……什麼？是對稱，還是單純之美？

費曼：偏向我當天的心情。也許這一天，我深切感覺真的有一種人人皆相信的對稱在那裡，但第二天，我又會思索，要是這不存在的話，會有什麼後果，要是除了我，所有人都瘋了等等。

不過，優秀科學家最不尋常之處，就是不管他們在做什麼研究，都不會像其他人那樣對自己信心滿滿。他們有能力與長期的不確定感共存，心裡頭想「也許是這樣吧」，以此為指導原則，但從頭到尾都了解這只不過是「也許」。很多人覺得這樣做很困難，覺得這是一種疏離或冷漠無情。其實，這並不是冷漠無情，這是一種深遠、溫暖的理解，其中所包含的意義是，也許你在這裡不斷挖掘，深信會在這裡找到答案，突然有人跑來說：「有沒有看到他們在那邊發現的東西？」於是你抬頭看看，說：「天哪！我挖錯地方了！」這種情形不停發生。

《全知》：還有一個現象，好像經常在近代物理之中出現，那就是替各種原先所謂的「純」數學，找到應用的舞台，例如矩陣代數或者是群論。物理學家是不是比以前更能接受其他事物呢？從「純」到應用的時間差是否在縮短呢？

費曼：從來就沒有時間差這回事。舉哈密頓的四元數（注九）為例：物理學家把這套威力強大的數學系統的大部分都割捨掉，只留下一小部分，留下差不多是數學上的多餘部分，而變成了向量分析。然而，當大家需要在量子力學上運用到四元數的全部威力時，鮑立（注十）再度發明了這套系統，面目煥然一新。那麼，你也可以回頭看而說道，鮑立的自旋矩陣和算子只不過是哈密頓四元數的翻版……但就算物理學家心裡擺著這些觀念九十年，最後頂多只有幾個星期的差距而已。

假定你得了一種病，比方說，得了韋納氏肉芽腫病或什麼的，而你找了一本醫學參考書，查到相關資料。也許後來你發現關於這種病你懂得的比你的醫生還多，雖然他花了那麼多時間念醫學院……明白了沒？想弄清楚某個單一的、狹窄的題目，比想弄懂整個學門要容易得多了。數學家的探索是全方位的，物理學家如果只想學會他需要學會的那部分數學，當然是比什麼可能有用的數學都學全，時間要快多了。較早時，我提到過的問題，即夸克理論中方程式的困難，是物理學家的問題；將來我們會解決這困難，也許當我們解決它時，要做很多數學。這是個很奇妙的事實，我也不太明白為什麼會這樣，為什麼數學家會在群呀等等概念還沒在物理學中出現之前，就動手去研究。不過對於物理進展的快慢而言，我不覺得這有那麼重要。

《全知》：關於你的演講，我還有一個問題：你說「人類智慧到了下一個偉大的覺醒年代時，可能會發展出一種了解方程式實質內容的方法。」這句話的意思是什麼？

費曼：在那一段話中，我談的是薛丁格（注十二）方程式。從這個方程式，其實你可以得到分子裡的原子鍵、化學價等結論。但如果單看這方程式，你是沒辦法看出那麼豐富

注九：哈密頓（William Rowan Hamilton, 1805-1865），愛爾蘭數學家。四元數（quaternion）是他發明的一種對於張量（tensor）與向量分析的交錯建構。哈密頓於一八二八年所著的報告《射線系統理論》（Theory of Systems of Rays）對近代物理學，尤其是量子理論，有深遠的影響。他提出的「最小作用量原理」（principle of least action），在一九五〇年代，由費曼發展成處理電子和其他帶電粒子間量子交互作用的有力工具。

注十：鮑立（Wolfgang Pauli, 1900-1958），原籍奧地利的瑞士理論物理學家，發現「不相容原理」（exclusive principle，同一軌域中不能有超過兩個以上的電子存在），一九四五年諾貝爾物理獎得主。生平充滿了笑話，以自負及語言尖酸出名。

注十一：薛丁格（Erwin Schrodinger, 1887-1961），奧地利理論物理學家，提出原子軌域模型及波動方程式，一九三三年諾貝爾物理獎得主。

的、化學家已經知道的各種現象；或者是看出來「夸克永遠連結在一塊，因此永遠找不到單獨出現的夸克」這個概念。也許你做得到，也許做不到，但重點是當你看著這個照理說敘述了夸克特性的方程式時，你無法看出來為什麼會這樣。從方程式看到了水裡的原子和分子的各種作用力，但你還是看不到水的各種脾性；你無法看到湍流。

《全知》：湍流問題就留給其他人吧，留給氣象學家啦、海洋學家和地質學家和飛機設計工程師。好像往上游跑了，不是嗎？

費曼：絕對是。而也許最後上游的某某人實在受不了，想要把它弄清楚，那麼從那時開始，他也在研究物理了。就湍流這個題目來說，這還說不上是「物理理論只能處理簡單的狀況」而已呢，我們啥也不能處理。我們根本連一套好的、基本的理論都沒有。

《全知》：也許是和教科書的寫作方式有關吧，可是科學界以外的人好像沒幾個知道，事實上一碰到複雜、實在的物理問題時，這些物理理論是多麼容易失控。

費曼：那種教育很差勁。當你在物理界的年資愈來愈深時，你學到的教訓是我們能解決的問題其實只占整體的一小部分。我們的理論真的很單薄。

《全知》：物理學家從方程式看出其他內涵的能力是否差距很大？

費曼：噢，是的。不過大家都說不上很厲害。狄拉克說過，真正理解物理題目的意思是：不用解方程式，就看出答案是什麼。也許他誇大了點，也許解方程式是邁向理解的必需經驗；但直到你真的理解之前，你都只不過在解方程式而已。

《全知》：身為老師，有什麼你能做而能促進這種能力的事呢？

費曼：我不知道。我不知道怎樣判斷到底教了學生多少東西。

《全知》：會不會有一天，科學史學者會追蹤你教過的學生，看他們有什麼成就，就好像他們追蹤拉塞福（注十二）、波耳和費米的學生那樣？

費曼：我很懷疑會這樣。我對我的學生都很失望。我不是那種曉得學生在做什麼的老師。

注十二：拉塞福（Ernest Rutherford, 1871-1937），紐西蘭出生的英籍實驗物理學家，提出「原子質量幾乎全集中在帶正電荷的原子核」的原子模型。因他在元素蛻變以及放射性物質的化學上所做的研究成果，而獲得一九〇八年諾貝爾化學獎。

《全知》：但你卻能說出另一種狀況，比方說，貝特或惠勒對你的影響？

費曼：當然。但我不清楚我對別人有些什麼樣的影響力，也許只不過是由於我的性格使然吧。我就是不知道別人的心理。我既不是心理學家，又不是社會學家、我不知道怎樣去了解人，包括我自己在內。你會問，如果這傢伙連自己在做什麼都搞不清楚，他怎麼還有辦法教書、有辦法接受別人的激勵？事實上，我很喜愛教書。我喜歡在解釋東西時，想出新的觀點，使一切更清楚明白；但也許在學生看來，我沒有使它們更清楚明白，我大概只是在娛樂自己。

我已經學會了如何與無知共存。我不要求自己非成功不可，而正如先前談到科學時說過，我想正因為我醒悟到我不知道自己在做些什麼，因此我的人生才更加的充實。對於這世界的寬廣，我感到一片喜悅！

《全知》：我們回來你的辦公室途中，你曾經停下來，談到你將要做一場關於色彩視覺的演講。那個題目跟基本物理差滿多的，不是嗎？生理學家不會說你搶飯碗嗎？

費曼：生理學？非生理學不可嗎？告訴你，給我一點時間，我能給你上一堂生理學的課，什麼題目都可以。我會很高興的研究它，找出相關的一切，因為我保證這會很有趣。我什麼也不懂，但我知道要是鑽研得夠深，每樣事物都會變得很有趣。

我兒子也是這樣，雖然跟當年的我比起來，他的興趣廣太多了。他對魔術有興趣，對電腦程式、古教堂歷史、拓撲學都有興趣。噢，他將會覺得很難過，因為有那麼多的好玩事物。我們很喜歡坐下來討論各種事物可能跟我們所預期的差多少，例如像登陸火星的「維京人號」行星探測船，我們就設想火星上有多少種情況是儘管火星上有生命，但探測船的配備卻偵查不出來的。是呀，他很像我，因此我至少將「萬事萬物都很有趣」這種想法傳給了至少一個人。

當然囉，我不知道那是好是壞……你明白嗎？

# 第十章

# 草包族科學

## ——對於誠實的主張

問題：巫醫、超感知覺、南太平洋的島民、犀牛角，和威森食用油，跟大學畢業典禮能有什麼關連呢？

答案：上述皆是厲害的費曼用來說服應屆畢業生的例子，要他們相信在研究科學時，誠實比任何讚美或短暫的成功，更加有成就感。

在這篇給加州理工學院一九七四年應屆畢業生的演說中，費曼橫眉不理同儕的壓力以及提供研究資金的金主的怒目，給大家上了一課，談科學應有的操守品德。

這是費曼關於科學、偽科學，和如何學習不要自己騙自己的一些想法。

在中古世紀期間，各種瘋狂荒謬的想法可謂層出不窮，例如以為犀牛角可以增進性能力，就是其中之一。隨後有人發現了過濾想法的方法，就是試驗哪些構想可行、哪些不行，把不可行者淘汰掉。當然，這個方法逐漸發展成為科學。它一直發展得很好，我們今天已經進入科學時代了。事實上，我們的年代是那麼的科學化，有時候甚至會覺得難以想像，以前怎麼可能出現過巫醫，因為他們所提出的想法全都行不通——至多只有少數的想法是行得通的。

然而直到今天，我還是會碰到很多的人，或遲或早跟我談到不明飛行物體（UFO, unidentified flying object）、占星術、或者是某些神祕主義、擴展意識、各種新的覺察、超感知覺（ESP, extra sensory perception）等等。我因此下了一個結論，這並不是一個科學的世界。

大多數人都相信這許許多多的神奇事物，我便決定研究看看原因何在。而我喜愛追尋真理的好奇心，則把我帶到困境之中，因為我發現世上居然有這麼多的廢話和廢物。

## 老兄，你還差得遠呢！

首先我要研究的是各種神祕主義以及神祕經驗。我躺在與外界隔絕的水箱內，體驗了許多個小時的幻覺，對它有些了解。然後我跑到依沙倫（Esalen），那是這類想法的溫床。事先我沒想到那裡會有那麼多怪東西，讓我大吃一驚。

依沙倫有好多巨大的溫泉浴池，蓋在一處離海面三十英尺的峭壁平台上。我在依沙倫最愉快的經驗之一，就是坐在這些浴池裡，看著海浪打到下面的石灘上，看著無雲的藍天，以及漂亮女孩靜靜的出現。

有一次我又坐在浴池裡，浴池內原先就有一個漂亮女孩，以及一個她好像不認識的傢伙。我立刻開始想：「我應該怎樣跟她搭訕呢？」

我還想應該說些什麼，那傢伙便跟她說：「呃，我在學按摩。你能讓我練習嗎？」

「當然可以，」她說。他們走出浴池，她躺在附近的按摩檯上。

我想：「那句開場白真絕啊！我怎麼也想不到可以這樣問！」他開始按摩她的大腳趾頭。「我可以感覺到，」他說：「我感覺到凹下去的地方。那是不是腦下垂體呢？」女孩說：「不是，它感覺起來不是那樣。」

我脫口而出：「老兄，你離腦下垂體還遠得很呢！」

他們兩人看向我，我這句外行話洩露了自己的偵探身分。那女孩說：「我們說的是腳底反射療法。」

我立刻閉上眼睛，假裝在冥想。

那只不過是許多使我驚慌失措的情形之一。

我也研究過超感知覺現象，最近的大熱門是焦勒（Uri Geller），據說他只要用手指撫摸鑰匙，就能使它彎曲。在他邀請之下，我便跑到他旅館房間內，看他表現觀心術。在觀心方面他沒一樣表演成功，也許沒有人能看穿我的心吧？

而我的小孩拿著一根鑰匙讓他摸，什麼也沒有發生。然後他說他的超感知覺能力在水中比較能夠施展得開。你們可以想像，我們跟著他跑到浴室裡，水龍頭開著，他在水中拚命撫摸那把鑰匙。什麼都沒有發生，我根本無法研究這個現象。

接下來我想，我們還相信些什麼？（那時候我想到巫醫，想到要研究他們的真偽是多麼的容易：你只要注意他們什麼也弄不成就行了。）於是我去找些更多人相信的事物，例如「我們已經掌握到教學方法」等。目前有很多閱讀方法和數學方法的提倡及研究。但只要稍微留意，便會發現學生的閱讀能力一路滑落——至少沒怎麼上升；儘管我們還在請這些人改善教學方法。這就是一種由巫醫開出來的不靈藥方了，這早就應該接受檢討，這些人怎麼知道提出來的方法是行得通的？

另一個例子是如何對待罪犯，在這方面很顯然我們一無進展。那裡有一大堆理論，但我們的方法顯然對於減少罪行完全沒有幫助。

然而，這些事物全都以科學之名出現，我們研究它們。一般民眾單靠「普通常識」，恐怕會被這些偽科學嚇倒。假如有位老師想到一些如何教她小孩閱讀的好方法，教育系統卻會迫使她改用別的方法——她甚至會受到教育系統的欺騙，以為自己的方法不是好方法。又例如一些壞孩子的父母在管教過孩子之後，終身無法擺脫罪惡感的陰影，只因為專家說：「這樣管小孩是不對的。」

因此，我們實在應該好好檢討那些行不通的理論，以及檢討那些不是科學的科學。

## 科學研究必須有品

上面提到的一些教育或心理學上的研究，都是屬於我稱為「草包族科學」（cargo cult science）的例子。在南太平洋有一些土人，被稱為草包族。在大戰期間，這些土人看到飛機降落在地面，卸下來一包包的好東西，其中一些是送給他們的。往後他們仍然希望能發生同樣的事，於是現在他們在同樣的地點鋪飛機跑道，兩旁還點上了火，蓋了間小茅屋，派人坐在那裡，頭上綁了兩塊木頭（假裝是耳機）、插了根竹子（假裝是天線），以為這就等於控制塔裡的領航員了。然後他們等待，等待飛機降落。

他們每件事都做對了，一切都十分神似，看來跟戰時沒什麼兩樣，但這行不通：始終沒有飛機降落下來。這是為什麼我叫這些東西為「草包族科學」，因為它們完全學足了科學研究的外表，一切都十分神似，但是事實上它們缺乏了最重要的部分，因為飛機始終沒有降落下來。

接下來，按道理我應該告訴你們，它們缺乏的是什麼，但這跟向那些南太平洋小島上的土人說明，是同樣的困難。你怎麼能夠說服他們應該怎樣重整家園，好自力更生的生產財富？這比「告訴他們改進耳機形狀」要困難多了。

不過，我還是注意到「草包族科學」的一個通病，那也是我們期望你在學校裡學了這麼多科學之後已經領悟到的觀念——我們從來沒有公開明確的說那是什麼，卻希望你能從許許多多的科學研究中省悟到。因此，像現在這樣公開的討論它，也是蠻有趣的。這就是「科學的品德」了，這是進行科學思考時必須遵守的誠實原則，有點盡力而為的意思在內。舉個例子，如果你在做一個實驗，你應該把一切可能推翻這個實驗的東西併入報告之中，而不是單把你認為對的部分提出來，你應該把其他同樣可以解釋你的數據的理論、某些你想到、但已透過其他實驗將之剔除掉的事物，全部包括在報告中，以確保其他人明白，這些可能性都已經排除。

你必須交代清楚任何你知道、可能會使人懷疑的立論的細枝末節。如果你知道哪裡出了問題，或可能會出問題，你必須盡力解釋清楚。比方說，你想到了一個理論，提出來的時候，便一定要同時把對這理論不利的事實也寫下來。這裡還牽涉到一個層次更高的問題。當你把許多想法放在一起構成一個大理論，提出它與什麼數據相符合時，首先你應該確定：它能說明的不單單是讓你想出這套理論的數據，而是除此以外，還能夠說明其他的實驗數據。

總而言之，重點在於提供所有資訊，讓其他人得以裁定你究竟做出了多少貢獻，而不是單單提出會引導大家偏向某種看法的資料。

## 先要不欺騙自己

要說明這個概念，最容易的方法是跟廣告來做個對照。昨天晚上我聽到一則廣告，說「威森食用油」（Wesson Oil）不會滲進食物裡頭。那沒有錯，並不能算是不誠實，但我想指出的不單是不要不老實而已，這是關係到科學的品德，這是更高的層次。那則廣告應該加上的說明是：在某個溫度之下，任何食用油都不會滲進食物裡頭，而如果你用別的溫度呢，所有食用油，包括威森食用油在內，全都會滲進食物裡頭。因此他們傳播的只是暗示部分，並不是全部的事實，而我們就要分辨出其中的分別。

根據過往的經驗，真相最後還是會有水落石出的一天。其他同行會重複你的實驗，找出你究竟是對還是錯。大自然會同意或者不同意你的理論。而雖然你也許會得到短暫的名聲及興奮，但如果你不肯小心從事這些工作，最後你肯定不會獲尊為優秀科學家的。這種品德，這種不欺騙自己的刻苦用心，就是大部分草包族科學所缺乏的配料了。

它們碰到的困難，主要還是來自研究題材本身，以及根本無法將科學方法應用到這些題材上。但這不是唯一的困難。這是為什麼飛機沒有著陸！

從過往的經驗，我們學到了如何應付一些自我欺騙的狀況。舉個例子，密立坎（注一）做了個油滴實驗，量出了電子的電荷，得到了一個今天我們知道是不大對的答案。他的數據有點偏差，因為他用了個不準確的空氣黏滯係數值。於是，如果你把密立坎之後，測量電子電荷所得到的數據整理一下，就會發現一些很有趣的現象：把這些數據跟時間畫成坐標圖，你會發現這個數值比密立坎的數值大一點點，下一個人得到的數據又再大一點點，下一個又再大上一點點，最後到了一個更大的數值才穩定下來。

為什麼他們沒有在一開始就發現數值應該較高？這件事令許多相關的科學家慚愧臉紅，因為很顯然許多人的做事方式是：當他們獲得一個比密立坎數值更高的結果時，他們以為一定哪裡出了錯，他們拚命尋找並且找到了為什麼他們的實驗有錯誤。另一方面，當他們獲得的結果跟密立坎的相仿時，便不會那麼用心去檢討。因此，他們排除了所謂相差太大的數據，不予考慮。我們現在已經很清楚那些伎倆了，因此我們再也不會犯同樣的毛病。

然而，學習如何不欺騙自己，以及如何修得科學品德等等——很抱歉，並沒有包括在任何課程中。我們只希望能夠透過潛移默化，靠你們自己去省悟。

第一條守則，是你不能欺騙自己——而你卻是最易被自己騙倒的人，因此你必須格外小心。當你能做到不欺騙自己之後，很容易也能做到不欺騙其他科學家的地步了。在那以後，你就只需要遵守像傳統所說的誠實方式就可以了。

## 科學家，不要欺騙大眾！

我還想再談一點點東西，這對科學來說並不挺重要，卻是我誠心相信的東西，那就是當你以科學家的身分講話時，千萬不要欺騙普羅大眾。我不是指當你騙了你妻子或女朋友時應該怎麼辦，這時你的身分不是科學家，而是個凡人，我們把這些問題留給你和你的牧師。我現在要說的是很特別、與眾不同、不單只是不欺騙別人、而且還盡一切所能說明你可能是錯了的品德，這是你做為科學家時所應有的品德。這是我們做為科學

注一：密立坎（Robert A. Millikan, 1868-1953），美國芝加哥大學物理學家，以油滴實驗精密測定電子的電荷，一九二三年諾貝爾物理獎得主。

家、對其他科學家以及對非科學家都要負起的責任。

讓我再舉個例子。有個朋友在上電台節目之前跟我聊起來，他是研究宇宙學及天文學的，而他很感困惑，不知道該如何談論這些工作的應用。我說：「根本就沒有什麼應用可言嘛。」他回答說：「沒錯，但若這樣挑明了說，我們的這類研究工作就更不會獲得支持了。」我覺得很意外，我想那是一種不誠實。如果你以科學家的姿態出現，那麼你應該向所有非科學家的大眾說明你的工作。如果他們不願意支持你的研究，那是他們的決定。

這個原則的另一形態是：一旦你下決心要測試一個定理，或者是說明某些觀念，那麼無論結果偏向哪一方，你都應該把這結果發表出來。如果單單發表某些結果，也許我們可以把論據粉飾得很漂亮堂皇；但事實上我們一定要把正反兩種結果都發表出來。

我認為，在給政府提供意見時，也需要同樣的態度。假定有位參議員問你，應不應該在他代表的州裡進行某項鑽井工程，而你的結論是應該在另一個州進行這項工程，那麼如果你不發表這項結論，我會認為，你並沒有提供真正的科學意見，你只不過是被利用了。換句話說，如果你的答案剛好符合政府或政客的方向，他們就把它用在對他們有利的事情上，但一旦出現另一種情況就不發表出來，這並非提供科學意見之道！

## 什麼是第一流的實驗？

其他許多錯誤比較接近於低品質科學的特性。我在康乃爾大學教書時，經常跟心理系的人討論。一個學生告訴我她計劃做的實驗：其他人已發現，在某些條件下，比方說是X，老鼠會做某些事情A。她很好奇的是，如果她把條件轉變成Y，牠們還會不會做A。於是她計劃在Y的情況下看看牠們還會不會做A。

我告訴她說，她必須先在實驗室裡重複別人做過的實驗，看看在X的條件下會不會也得到結果A，然後再把條件轉變成Y，看看A會不會改變。她才會知道其中的差異確實是她所想像中那樣。

她很喜歡這個新構想，跑去跟教授說。但教授的回答是，不，你不能那樣做，因為那個實驗已經有人做過了，你在浪費時間。這是發生在大約一九四七年的事，之後那好像變成心理學的一般通則了：大家都不重複別人的實驗，而只是單純的改變實驗條件，看看結果。

今天，同樣的危險依然存在，甚至在著名的物理學這一行裡也不例外。我很震驚的聽到在國家加速器實驗室完成的一個實驗的情形。在實驗中，這個研究人員用的是氘（氫的同位素）。而當他想將這些結果跟使用氫的情況做比較時，他直接採用了別人在不同儀器上得到的氫數據。當別人問他為什麼這樣做時，他說這是由於他計畫裡沒有剩餘時間重複那部分的實驗，而且反正也不會有新的結果云云。於是，由於他們太急著要取得新數據、以便取得更多的資助，讓實驗能繼續下去，他們卻很可能毀壞了實驗本身的價值，而這才應該是原先的目的。很多時候，那裡的實驗物理學家沒法按照科學品德的要求來進行研究！

必須補充一句，並不是所有心理學的實驗都這個樣子的。我們都知道，他們有很多老鼠走迷宮的實驗，曾經有很久都沒有什麼明顯的結論。但在一九三七年，一位名為楊格的人進行了一個很有趣的實驗。他弄了個迷宮，裡面有條很長的走廊，兩邊都有許多門。老鼠從這邊的門走進來，而在另一邊的門後是食物。他想看看能不能訓練老鼠從第三道門走進去；不管他讓牠從哪個門走起。他發現這做不到，老鼠總是立刻走到原先找到過食物的門。

那麼問題是，由於走廊造得很精美、每個門看來也一樣，老鼠到底是怎樣認出先前到過的門？很顯然這道門有點不同！於是楊格把門重新漆過，讓每道門看來都一樣。但那些老鼠還是認得最初走過的門。接著他猜想也許是食物的味道，於是每次老鼠走完一次之後，他便用化學物品把迷宮的氣味改變，但老鼠還是走回原來的門那裡。楊格再想到，老鼠可能依靠實驗室裡的燈光或布置來判斷方向，像人那樣，於是他把走廊蓋起來，但結果還是一樣。

終於他發現，老鼠是靠著在路面走過時發出的聲音來辨認路徑的，而唯一的方法是在走廊內鋪上細砂。於是他追查一個又一個的可能，直到把老鼠都難倒，最後全都要學習如何走到第三個門內。如果他放鬆了任何一項因素，小老鼠全都知道的。

從科學觀點來看，這是個第一流的實驗。這個實驗使得老鼠走迷宮之類的實驗有價值，因為它揭開了老鼠真正在利用的條件，而不是你猜牠在用的條件。這個實驗告訴我們，你要改變哪些條件，如何小心翼翼的控制及進行老鼠走迷宮的實驗。

我追蹤了這項研究的後續發展。我發現在楊格之後的類似實驗，全都沒有再提到這個實驗。他們從來沒有在迷宮裡鋪上細砂或者是小心執行實驗。他們走回頭路，讓老鼠像從前一般走迷宮，全然沒有注意到楊格所做的偉大發現。他們之所以沒提起楊格的論文，只不過因為他們認為他沒有發現老鼠的什麼結果。但事實上，他已經發現了你必須先做好準備，否則你休想發現老鼠的什麼結果。草包族科學通常就忽略了這種重要的實驗。

## 走出迷宮

另一個例子是超感知覺的實驗。就像很多人提出過的批評一樣（甚至他們本身也提出過），他們改進技巧，使得效應愈來愈少，終於全無效應了。所有研究超自然現象的心理學家都在尋找可以重複的實驗，可以再做一次而得到同樣的效應，甚至只要求一個統計上的數字便好了。於是他們試驗了一百萬隻老鼠——噢，這次是人了，做了很多實驗，取得某些統計數字。但下一次再試驗時，他們又沒法獲得那些現象了。現在甚至有人會說，期望實驗可以重複是一種細枝末節的要求。這就是科學嗎？

這個人原本是「心理玄學（注二）學院」的院長，而他在退休演說時談到要，設立新的機構，他更告訴其他人，下一步是大學應該挑選那些已明顯有超覺能力的學生來訓練，而不要浪費時間在那些對這些現象很有興趣、卻只偶然有超覺效應出現的學生。我認為這種教育政策是十分危險的——只教學生如何得到某些結果，而不是如何固守科學品德、進行實驗。

因此我只有一個希望：你們能夠找到一個地方，在那裡你可以自由自在的堅持我提到過的品德，而且不會由於要維持你在組織裡的地位，或者是由於經濟上的壓力而喪失你的品德。

我誠心祝福，你們能夠獲得這樣的自由。

我最後要再給你們一點小小的勸告：除非你很清楚自己要講的是什麼，除非你多少知道要談的是什麼，千萬不要說你可以給一場演講！

注二：心理玄學（parapsychology），有兩大分支：一是超感知覺，包括心電感應（telepathy）、超感視覺（clairvoyance）、預知（precognition）；另一是心理致動術（psychokinesis），即不借用任何工具，就可使物體移動。

# 第十一章

# 就像數一、二、三那麼簡單

## ——動手做實驗的主張

這是一篇令人忍不住捧腹大笑的故事。

早熟的費曼還只是個學生時，
不停的做實驗
——用他自己、他的襪子、打字機，
以及同學們來進行實驗，
以解開數數目和時間的祕密。

小時候有個朋友叫華克，我倆在家裡都有「實驗室」，做各種「實驗」。大約是十一、二歲的年紀，有一次我們在討論什麼事，我說：「思考就是在心裡對自己說話。」

「是嗎？」華克說：「你可知道汽車的曲柄軸長什麼怪樣嗎？」

「知道啊，怎麼樣？」

「好，那麼你說，你在心裡對自己說話時，怎麼形容這曲柄軸的模樣？」

就這樣，我從華克那兒學到，思考可以是敘述式的，也可以是影像式的。

後來進了大學，我開始對「夢」產生興趣。我想知道夢中的景象怎會如此逼真，彷彿眼睛雖閉，光仍映射在視網膜上似的。是不是視網膜上的神經細胞真的受到了另一種刺激，例如直接來自腦部的刺激？或者是腦袋裡有一個「審判司」，做夢時便大發議論？心理學從沒給我滿意的答覆，倒是談了很多夢的解析。

在普林斯頓念研究所時，有人發表一篇很驢的心理學報告，激起一些爭論。作者認為，腦中控制「時間感」的是一種與鐵質有關的化學反應。我心想：「他怎麼知道？」

原來，他的太太患一種慢性熱病，熱度時升時降。他不知怎的想到來測試她的時間感，要她不看鐘錶，自己計秒，看看她數到六十時究竟是多久。這可憐的女人便從早到晚計數，結果他發現熱度高時她數得快，熱度退下時她數得慢。因此他認為，腦中控制「時間感」的那東西，一定是在她發燒時活動快些。

這位非常「富於科學精神」的心理學家知道，化學反應會隨周遭溫度的變化而不同，而且每種化學物質的反應強度自有其規則可循。他估量妻子計數速率的改變，歸納溫度與速率的相關係數，然後尋找符合這係數的化學反應。他發現鐵最符合。因此結論便是：他妻子的時間感是由體內一種與鐵質有關的化學反應所主宰的。

這一切在我看來太荒謬：一長串過程中有太多可能出錯的地方。但是問題確實有趣：「時間感」是什麼造成的？計數時，怎麼知道該間隔多久？要改變間隔長度時該怎麼調整自己？

## 不服氣，自己動手試試

我決定著手研究。先是不看錶的計數，以緩慢而穩定的速率數到六十。但我數到六十時，其實才過了四十八秒。這沒關係，重點不是剛好符合秒數，而是以標準速率計數。第二次數到六十，花了四十九秒。第三次，四十八秒。以後是四十七、四十八、四十九、四十八、四十八。這是說，我可以用相當穩定的速率計數。

接下來，我不計數，靜待我認為一分鐘的時間過去。結果很不規則，我發現單憑猜測估計一分鐘長度很不準，遠不如用計數的方式。

下一個問題是：速率是怎麼定的？

也許和心跳速率有關。我於是上下跑樓梯，讓我的心跳加速，然後跑進房間，躺在床上，計數到六十。

我也試著在跑上跑下之際計數。

有人看見我上上下下，就笑：「你在幹什麼呀？」

我沒法回答，也因此發現在心裡計數時沒法開口說話。只好像個傻瓜一樣，繼續跑上跑下。

（研究所那些傢伙已經習慣看我的傻瓜樣子。有一次我在做「實驗」時忘記鎖門，有個傢伙闖進來，看到我穿著羊皮厚大衣坐在椅子上，嚴冬天氣卻把窗子大開，頭伸出去，一手拿著瓶子，另一手在攪拌，見他進來便說：「別打擾我，別打擾我！」我是在攪拌果凍，想看果凍在不斷攪動的情形下，如何能在冷空氣中凝結。）

總之，試過各種情況下的計數之後，很驚訝的發現，心跳頻率並無影響。又因為我跑得很熱，料想體溫也無關（當然，我應該知道運動並不會使體溫升高的）。事實上，我沒發現有什麼影響我的計數速率。

跑樓梯很無聊，我就手裡做著事，心裡計著數。例如我送洗衣服時，要填表說明共是幾件襯衫、幾條長褲等等。我發現在「褲子」項下填三或「襯衫」項下填四很容易，但襪子卻數不清，因為我的「計數機器」已經在使用之中（三六、三七、三八），而眼前又有這麼多襪子要數（三九、四十、四一）。我怎能同時計算兩種數字？

我想到可以用幾何圖形輔助。例如排成四邊形，每個角上一雙襪子，那就是八隻。

這種規格計算的遊戲再玩下去，便發現我可以算出報紙上一篇文章的行數：三行一組、三行一組、三行一組，再加一行，便成十。三個十行、三個十行、三個十行，再加一個十行，便成一百。這樣整版計算下去，同時心裡仍在固定計數，每數到六十，我知道行數數到哪兒了，我會說：「數到六十，共是一百一十三行。」後來我甚至能一邊計數一邊讀報，毫不影響速率！

再來，我做什麼事時都能默默計數；當然，大聲說話例外。

打字行不行呢？把一本書上的字句打出來，還能計數嗎？我發現也可以，但是這次速率變了。我很興奮：終於找到影響我計數速率的事了！我繼續追查。

簡單的字句我可以打得很快，同時心裡計數。可是，咦，這是什麼字？哦，是這個意思。我繼續數，到六十時，超過通常時間了。

我思索了一下，又觀察了一會兒，知道一定是遇到難字時「需要比較多的腦筋」，計數便中斷了。計數速率沒有慢，又因為從一數到六十已成自動動作，先前我根本沒注意到有中斷現象。

## 每個人的心思各不同

第二天早餐桌上，我把實驗過程原原本本說給同桌的人聽。我說計數時我什麼事都可以做，唯獨不能說話。

座中有個叫塔基的傢伙，說：「我不相信你可以閱讀，也不認為你不能說話。我敢打賭我計數時可以說話，你計數時不能閱讀。」

於是我就表演了：他們給我一本書，我一邊計數一邊看，數到六十時我說：「到了！」正是四十八秒，我的固定時間。接著我說出書中內容。

塔基大感興趣。我們便測試他從一數到六十需要多少時間，試了幾次，確定之後，他開始一邊計數，一邊說話：「瑪麗養了一隻小綿羊。我想說什麼就說什麼，全沒關係；我不知道你為什麼不行。」等等等等。最後他說：「時間到！」真的剛好是他的固定時間！我簡直不敢相信！

我們稍加討論，便發現此中確有不同：原來塔基以視覺方式計數，在他眼前似有數目字不斷流過，所以他說話時，仍可「看到」數字！而我，因為是用「口述」方式計數，所以不能開口說話！

這以後，我嘗試在大聲朗讀時計數，這原本是我們二人都做不到的。我猜想這得運用一部分頭腦，是與視覺和說話都不相干的部分，決定試試手指，也就是利用觸覺。很快我就可以一邊扳手指一邊朗讀了。可是我希望整個過程都僅限於心靈，而不要動用肢體活動。於是我在朗讀時想像扳手指的情況。

結果始終不成。我猜是練習不夠，但是也可能根本做不到。我從沒見過誰能做到的。不過，塔基和我從這次實驗中發現，縱然以為所做的事相同，各人頭腦裡進行的仍然互異，連簡單到數一二三這樣的事亦然。我們也發現可以從外表客觀測試頭腦的活動：不必問人他以何種方式計數，只需觀察他在計數時可以做什麼、不能做什麼便知。這種測試很準，作不得假。

用腦中已有的名詞去解釋一種理念，是很自然的事。概念就是這樣堆疊而成。可是理念的基層，卻是如此因人而異！

我常想到此事，尤其是在教授某些特殊的數學技巧時，例如積分「貝色函數」（Bessel function）。我看到方程式，便覺得那些字母有顏色，原因說不上來。我一邊講課，一邊覺得貝色函數從書本中隱約浮現，四處飛躍。函數中的 j 是淡褐色的，n 是淺紫藍的，x 是深棕色的。真不曉得在學生看來這是怎麼一幅景象。

# 第十二章

# 費曼蓋了個宇宙

## ——對於科學方法的主張

在這篇從未刊登過、
由美國科學促進會（American Association for Advancement of Science）
贊助完成的訪談中，
費曼回顧了他的科學生涯：

第一次面對滿堂諾貝爾獎得主、惶恐萬狀進行學術演演講的情景；
受邀請參與打造史上第一個原子彈的經過，以及他的反應；
草包族科學；
以及命中注定似的、半夜裡接到記者打來的電話，
得知自己剛剛獲得諾貝爾獎。

費曼當時的回答是：「你原本可以等到天亮再告訴我。」

旁白：梅爾．費曼是紐約市一家制服公司的業務員。一九一八年五月十一日，他很高興的迎接兒子理查出生。四十七年後，理查．費曼獲頒諾貝爾物理獎。在很多方面來說，梅爾．費曼跟這項成就有很大的關係，正好像理查．費曼以下所敘述般。

費曼：唔，我出生以前，他〔我父親〕跟我母親說：「這小男孩將來會是一個科學家。」這年頭你不能在女性主義者面前說類似的話，但當時他們的確是那樣說的。可是他從來沒有要我去當科學家……我學會了欣賞我懂得的事物，從來沒有任何壓力……後來等我年紀較長，他會帶我到森林裡散步，為我指出各種動物和雀鳥……告訴我關於星星和原子和其他所有的東西。他會告訴我這到底是怎麼一回事、為什麼有趣。我覺得，就一個從來沒有接受過正規科學訓練的人而言，他面對這個世界的態度以及看法，都是十分具有科學感的。

旁白：現在，理查．費曼是加州理工學院的物理學教授，他從一九五〇年起，就開始在那裡當教授。他把一部分時間花在教書，其他時間，他專注於思考有關物質的小碎片的理論，我們的宇宙就是用這些小碎片造出來的。在他的工作生涯裡，時而充滿詩意的想像力，將他引領到很多奇奇怪怪的領域裡：跟建造原子彈相關的數學、某種病毒的遺傳研究，以及在極低溫時氦元素所展現的性質。費曼贏得諾貝爾獎的研究成果，亦即促使量子電動力學理論更上層樓的成果，幫助解決了很多物理難題，而且解決的手法是前所未有的直接和有效率。然而再一次，這一長串成就背後的原始動力，就是和他父親在森林裡的長時間散步。

費曼：他對世間萬物，有很多看法。他以前說過：「假設我們是火星人，跑到地球來看到這些怪物做這做那的，我們會怎麼想？例如，」他會說，「舉個例子，假設我們永遠不用睡覺。我們是火星人，但我們的意識永遠都很清醒，而我們發現這些怪物每天都會有八個小時停下來，閉上眼睛，變得一動不動似的，我們便會想到一個有趣的問題想問他們。我們會問：『你不斷的那樣停頓下來，到底有什麼感覺？腦袋裡在想的東西有什麼變化嗎？原本你一直運作良好，思考清晰敏捷，然後究竟發生什麼事了？你是突然就停下來了嗎？還是說，思考會愈來愈慢，然後才停下來，到底你們是怎麼樣把思想關掉的？』」

後來，我經常思索這方面的問題，進大學以後還做實驗，試圖找出答案——也就是，進入睡眠狀態時，你的思想會發生什麼變化？

旁白：費曼年輕時，計劃當電機工程師，手腳並用的做物理研究，以創造出對自己和世界上其他人都有用的東西。但過不了多久，他就意識到，其實他更有興趣的是弄明白東西為什麼有用，弄清楚宇宙之所以能如此運作，背後的理論和數學原理。費曼的內心，成了他的實驗室。

費曼：年輕時，我稱之為實驗室的地方，只不過是個讓我可以東玩玩西弄弄的地方，像做個收音機啦、什麼小玩意兒或太陽能電池之類的東西。當我發現在大學裡他們稱之為實驗室的地方是什麼樣子時，實在是大為震驚。在那些實驗室裡，他們預期你要做的是很嚴肅去量度某些東西。但我在我的實驗室裡，什麼鬼東西也沒量過，我都只不過在東弄西弄，製造些小玩意而已。那就是我小時候擁有的實驗室，而且我還一廂情願的以為實驗室全都是像那個樣子，我心目中認定我以後也是那樣子做實驗。

不過，在那個實驗室裡，我也需要解決某些問題。那時候，我經常修理收音機。我需要做的，例如說，加接一些電阻，使得電流計上的指針範圍改變。於是我開始找這些方程式，電路方程式。我有個朋友，他有一本書，裡頭有些電路的方程式，是關於電阻的。比方說，電功率等於電流乘以電壓，電壓除以電流就是電阻等等；一共是六、七條方程式吧。我那時候覺得這些方程式之間，全都有關連，其實它們並不是各自獨立的，每一道方程式都可以從其他方程式變過來。於是，我在那裡隨意玩，而從學校中學來的代數則讓我了解如何做這些。我意會到，不知怎的，數學在這些事情裡是十分重要的。

因此，我對於跟物理相關的數學愈來愈有興趣了。此外，數學本身對我就很有吸引力，我一生都很喜愛數學……

旁白：從麻省理工學院畢業後，費曼搬家了，搬到西南方大約四百英里的普林斯頓大學，也就是他後來拿到博士學位的地方。在普林斯頓，才二十四歲的他，就做了生平第一場正式學術演講。結果，這場演講還十分重要，當中也發生了許多事情。

費曼：在研究所時，我跟惠勒教授（第275頁）一起做研究，當他的研究助理。我們研究出一套新理論，是關於光如何運作、不同地點的原子之間如何交互作用等等；就當時來說，似乎是很有趣的理論。因此，負責安排研討會日程表的維格納教授（注一）建議我們就這個題目做個演講，而惠勒教授說，由於我是個年輕小伙子，以前沒演練過，這會是個學習怎樣演講的好機會。於是這變成我生平第一次專業演講。

我開始準備這東西。然後維格納跑來找我，說他覺得這個研究還蠻有重要性的，因此他特別邀請鮑立教授（第291頁）來參加，鮑立是來自瑞士蘇黎世、大大有名的客座教授；維格納也邀請了世上最偉大的數學家馮諾伊曼（第59頁），還有聲譽崇隆的天文學

注一：維格納（Eugene Paul Wigner, 1902-1995），原籍匈牙利的美國物理學家，在原子核與基本粒子理論方面有卓越貢獻，特別是發現並應用基本對稱原理，一九六三年諾貝爾物理獎得主。

家羅素（注二），以及愛因斯坦。愛因斯坦就住在學校附近。當時我的臉色一定全發白了或怎麼的，因為維格納接著對我說：「現在，不要因此而緊張起來了，根本不必緊張。首先，如果羅素教授睡著了，不要覺得難過，因為他聽演講時，永遠會打瞌睡。而當鮑立教授不停的對你點頭時，也不要太高興，因為他老是在點頭，他得了延髓性麻痺，」他就這麼一直說下去。他的話讓我稍微鎮靜下來，但我還是很擔憂，於是惠勒教授答應我，他會回答聽眾提出的所有問題，我只要管好演講的部分便行了。

於是，記得當時我走進演講廳——你可以想像那第一次，活像走過一場大火般。演講之前，我七早八早便把所有的方程式寫在黑板上，整面黑板都寫滿了。聽眾可不想要那麼多的方程式……他們只想多了解你的想法和概念。我還記得站到台上演講，而聽眾席上都是這些大人物，真是嚇人。一切都歷歷在目，我仍可以看到自己的一雙手，伸到預先準備好的大信封裡，把資料拿出來時，我的手一直在發抖。不過，一旦我把資料拿出來，開始演講之後，就發生了一些十分美妙的事情，而且從此一再出現。如果我談的是物理，我愛這東西，我腦海裡想的只有物理，我就絲毫不擔心身在何方，不擔憂任何事情，而每樣事情都會進行得很容易、順利。我就那樣盡我所能解釋一切，也不會去想誰在那裡聆聽，我只會想著我要說明的題目。

等演講結束，到了問問題時間，我什麼也不用擔心，因為惠勒教授會回答問題。鮑立教授坐在愛因斯坦教授旁邊，他站起來說：「我不覺得這套理論是正確的，因為這和這和那和其他的等等等等，你是不是也同意我的看法呢？愛因斯坦教授？」愛因斯坦說：「不——不——，」那是我所聽過最好聽的「不」。

旁白：在普林斯頓，費曼學會了一件事：就算他的一生都只專注在數學和理論物理的世界中，卻有另外一個世界，這世界堅決要求他做一些很實際的事情。那些年頭，全世界都陷入戰爭中，美國則正展開研製原子彈的計畫。

費曼：差不多就在那時候，威爾遜（第90頁）跑到我房間，告訴我他正開始進行的計畫，就是生產鈾以製造原子彈的相關工作。他說那天下午三點將會有一個會議，而且這是個祕密，但他曉得當我知道這個大祕密時，我必定會贊同，所以告訴我也不會有什麼害處。我說：「你犯了個錯誤了，不該告訴我這個祕密的，我不會贊同或加入。我現在就回去做我的研究，回去努力寫我的論文。」他走出房間，一邊說：「我們下午三點鐘開會。」那是早上發生的事。我開始踱起方步來，思考著要是德國人手裡握有原子彈

注二：羅素（Henry Norris Russell, 1877-1957），美國大天文學家，對恆星物理性質和太陽化學成分的研究有重要貢獻。

的種種後果，最後的結論是，這是一件令人興奮而且重要的事。於是下午三點鐘，我出席了那個會議，而停止了博士學位的研究工作。

當時的問題是，你必須把鈾的同位素分離開，才能製造原子彈。鈾有兩種同位素，而鈾二三五才是會有反應的那種，你想分離取得的是這一種。威爾遜發明了一套程序來進行分離，首先使一些鈾原子成為帶電的離子，讓它們成束在儀器內運行。兩種鈾同位素所帶的能量都一樣，可是由於質量不同，因此運行速度也有些微差別。你只需要稍作安排，它們就會導進一條長長的管子裡，其中一種鈾離子走在另一種的前面，便可以把它們分離開來。這就是威爾遜心目中的計畫。

那時候，我已經走上理論物理的路，原先我要做的是，研究出當時的設計是否確實可行，甚至根本是否可行。很多問題乃是圍繞著空間電荷限制之類的，經過推算之後，我認為那是可行的。

旁白：雖然，根據費曼的推算，威爾遜提出的分離鈾同位素方法在理論上的確可能成功，然而最後採用來生產鈾二三五以製造原子彈的，卻是另一種方法。但不管怎樣，在新墨西哥州羅沙拉摩斯研發原子彈的實驗室裡，費曼的超級理論能力仍然大有用武之地。二次世界大戰之後，他加入康乃爾大學的核研究實驗室。今天，對於當年為原子彈所做的貢獻，費曼可說是百感交集、百味雜陳的。究竟他所做的一切是對是錯呢？

費曼：不，我不覺得當時我做錯了什麼決定。我思考過這個問題，而我正確想到，要是納粹黨人得到原子彈的話，後果十分危險。可是，我覺得我的想法有漏洞——但那是很久以後的事了，隔了三、四年。在德國人被打敗以後，我們還是很努力研究，我並沒有停下來，甚至沒有考慮過，做這件事情的動機已經不存在了。而這是我學到的一個教訓，那就是，如果有什麼理由令你動手做某些事情，理由十分充分，你開始埋頭工作，但還是必須三不五時環顧四周，周圍看一下，看看當初的動機還對不對。

那時候，當我做決定時，我覺得那是正確的；不過悶著頭繼續下去，想也不想，卻有可能是錯的。我不知道，要是我把整件事再考量一下，會發生什麼事？也許我還是會選擇繼續工作，我不曉得。但重點是，當原先令我做決定的情況已經改變，而我卻沒有好好思索一下。那確實是個錯誤。

旁白：在康乃爾大學度過了充滿挑戰激勵的五年之後，就像許多來自美國東岸的人士一樣，費曼博士被吸引到加州，跑到同樣充滿挑戰和激勵的加州理工學院。此外，還有其他的原因。

費曼：首先，綺色佳（Ithaca，康乃爾所在地）的氣候很糟糕。第二，我蠻喜歡去夜總會等場所。巴查（第132頁）邀請我到這裡來做一系列的演講，討論我在康乃爾發展出來的某些研究成果，於是我去演講，之後他說：「要不要我把車子借給你？」我十分高興，每天晚上都開著他的車子到好萊塢和日落大道，在那兒流連忘返。良好的氣候，加上紐約州北部小鎮無法提供的寬廣視野，種種因素加起來，說服我搬到這裡來。那沒多困難，也不是個錯誤。我總算還有個不是錯誤的決定！

旁白：在加州理工學院，費曼博士成為「托爾曼（第93頁）理論物理講座」教授，一九五四年獲頒愛因斯坦獎。一九六二年，美國原子能委員會因為費曼「在發展、應用或監控原子能等各方面出類拔萃的貢獻」而頒他羅倫斯獎（E. O. Laurence Award）。最後，一九六五年，費曼拿到了科學界的最大獎項，就是諾貝爾獎，他跟日本的朝永振一郎以及哈佛大學的許溫格一起分享這項榮譽。不過，對費曼博士而言，諾貝爾獎卻也等於是一次被很不禮貌吵醒的經驗。

費曼：電話鈴聲響起，那傢伙說他是某某媒體的。我對於被吵醒這件事，覺得很火，那是很自然的反應，你知道，半睡半醒的，你當然覺得很惱怒。那傢伙說：「我們想告訴你，你得了諾貝爾獎。」而我在想——還是覺得很煩，你曉得的，什麼都沒聽進去。於是我說：「你原可以等到明天早上才告訴我的。」他說：「我以為你會很高興聽到這個消息。」

我剛剛說過，我當時睡得昏昏沉沉的，便將電話掛回去。我太太說：「是怎麼回事啊？」我說：「我得了諾貝爾獎。」她說：「再編下去吧，你在誆我。」我經常想誆她，但從來沒有騙成功過。每次嘗試都被她看穿，結果這次她卻弄錯了。她以為我在開玩笑，以為打電話來的是個學生、某個喝醉酒的學生或什麼的，所以她不相信我。但是十分鐘後，當第二通電話響起，另一家報社打來時，我跟那傢伙說：「是的，我已經聽說了，不過，讓我清靜一下吧！」然後，我把電話線拔掉，心裡盤算著不管三七二十一，先跑回去睡覺再說，明天早上八點鐘再把電話接回去。但是，我再也睡不著了，我太太也同樣睡不著，於是起來踱方步，最後還是把電話線接好，開始接電話。

在那之後不久，有一次我在某處坐上一輛計程車，司機在講話，我也講話，然後我告訴他我的煩惱：這些傢伙怎樣問我問題，而我不知道該如何說明。司機說：「我看過你接受訪問，是在電視上看到的。那人跟你說，『請你在兩分鐘內說明你做了些什麼研究，因此獲得這個獎。』你嘗試那樣做，但簡直要瘋掉了。你知道我會怎麼說嗎？我會說：『該死的，老兄，要是我能夠在兩分鐘內講完，那就不值得頒諾貝爾獎了。』」

於是打那之後，我就這樣回答別人了。有人問我時，我永遠告訴他們，你看，要是我那麼容易就講得明白，這就不是諾貝爾獎了。其實這樣回答，並不真那麼公平，但這是個很好玩的回答。

旁白：正如先前說過，費曼博士獲頒諾貝爾獎的原因，是由於他協助建立一套理論的貢獻。這套理論界定出當時剛剛新冒出來的量子電動力學。用費曼博士的說法，這是一套「關於其他一切東西的理論」。它在核能或重力方面都派不上用場，但可用在研究電子和光子的交互作用上。它決定了電的流動方式、磁現象、X射線產生的方式，以及X射線如何與其他物質交互作用。量子電動力學裡的「量子」，彰顯了一九二〇年代的一個物理理論，那個理論說，環繞每一個原子核周圍的電子都被限制在某種量子態或能階上，它們只能存在那些能階上，不會落在兩能階之間。這些量子化能階取決於照射在這原子上的光的強度，以及其他因素。

費曼：理論物理最重大、最重要一項工具，就是廢紙箱。你必須知道什麼時候放手，不要理會它，知道嗎？其實，我會的電學、磁學、量子力學，以及其他一堆東西，差不多都是在嘗試建構那套理論的過程當中學來的。而後來拿到諾貝爾獎，是因為在一九四七年，我在修修補補的一套很平凡的理論出了點狀況，因此我試著做些改變，以修好它。但貝特發現，如果你做對某些計算，假裝忘掉某些東西，而不要忘掉其他東西，做對這些事情，那麼你就能夠得到跟實驗數據吻合的答案。他跟我提了些建議。

到了這時候，由於我在這套瘋狂理論上做過很多嘗試，把它改頭換面寫成不知幾百種各樣形式，因此我懂很多電磁學，而知道如何達到貝特要的結果、如何控制和組織相關的計算，用的都是很平順及便捷好用、威力強大的方法。換句話說，我用自己建立、自己發明的東西和工具，在舊理論那裡弄出了我自己的理論。這聽起來好像是理所當然的事情，但有好多年，我都沒這樣去思考這件事。而這發現在當時來說，實在有夠威力強大，而我已能夠靠著自己的理論做出一些事情來，比誰都要快。

旁白：除了諸多用途之外，費曼博士的量子電動力學理論還提供了其他的新看法，讓我們更了解將物質維繫在一起的各種作用力。它也為我們增添了一點點有關宇宙中無限小、生命短暫的粒子的特性。宇宙中，除了一般物質外，就是這些粒子了。隨著物理學家愈來愈深入探究大自然的結構，他們發現，原先看起來很簡單的可能，其實十分複雜，而原先看起來十分複雜的，卻原來是很單純的。他們的工具是高能量原子擊破器，它們能把這些原子大小的粒子打碎，打成愈來愈小的碎片。

費曼：開始的時候，我們審視、研究物質而看到許多不同的現象，例如風啦、海浪啦、月球和所有各種事物。而我們嘗試去重新組織一切，看看風的運動和波浪的運動是否相似等等。慢慢的，我們發現許多許多事物都很相似，其實種類不像我們想像中的那麼多。於是我們找出所有的現象和現象表面之下的原理，而其中最有用的一個原理似乎就是：東西都是由別的東西造成的。我們發現，例如說，所有的物質都是用原子造成的，而只要你了解原子的特性，那麼你也就弄懂很多東西了。

最初，大家認為原子是理所當然很簡單的，但結果呢，為了要解釋所有物質的各種變化及現象，原子必須更複雜些，因此九十二種原子出現了。實際上還不止此數，因為有時同一種原子有不同重量。於是弄清楚原子的各種特性，就成為下一個問題。而我們發現，那是可以辦得到的，只要我們體認到，原子本身也是由其他東西所構成的。在這個特殊的情況下，原子核周圍環繞著很多電子，而不同原子的差別，最重要的只不過是電子數目不同而已。這是一套漂亮、前後一致、行得通的系統。

所有不同的原子，都只不過是原子核帶著不同數目的電子而已。然而，它們的原子核不盡相同。於是，我們開始研究原子核。而打從大家一開始做實驗，讓原子核相互撞擊之後，便出現了很多種原子核。從一九一四年起，科學家一開始時發現它們是很複雜的，但後來意識到，假如原子核也是由別的東西構成的話，原子核就變得可以理解了，原子核是由質子和中子所構成的，它們之間有一種作用力，把它們維繫在一起。為了理解原子核，我們必須理解那種奇怪的作用力。很巧的，在原子的情況中也有一種力，那是一種電力，而我們早已理解電力。

所以，除了電子之外，還有電力，我們用一個一個的光子來代表，也就是說，光和電力合而為一，叫做光子。因此所謂外在世界，在原子核外的世界，就是電子和光子。而說明電子特性的理論就是量子電動力學，也就是我得到諾貝爾獎的研究著力點。

現在我們跑到原子核裡，發現它們可以用質子和中子造成，但牽涉到我剛剛提到的那種奇怪的作用力。試圖理解那種作用力，成為下一個題目。湯川秀樹（注三）提出各種建議，說也許那裡還有其他的粒子，於是我們進行實驗，讓帶著高能量的質子和中子互相碰撞，果然跑出來很多新鮮事物，情形好比當你讓能量夠高的電子碰撞在一起時，會有光子跑出來一樣。於是我們得到這些新東西，它們叫做「介子」。那麼看起來，湯川秀樹想對了。

我們繼續做實驗。接下來發生的是，我們找到了很多種粒子，而不是只有一種光子而已。當我們讓質子與中子撞在一起時，得到的是起碼四百種各式各樣的粒子，像λ（lamda）粒子、Σ（sigma）粒子、K介子等等。喔，我們碰巧也製造出緲子（muon），但表面上看來，緲子跟質子和中子好像沒什麼關連，至少不會比電子更有關係。那真是

注三：湯川秀樹（Hideki Yukawa, 1907-1981），日本理論物理學家，在核力理論的基礎上，預言介子（meson）的存在，一九四九年諾貝爾物理獎得主。

十分怪異的多餘部分，我們不了解它跑到哪裡去了。緲子跟電子很像，只不過它比電子重。於是我們現在知道哪裡有電子和緲子了，它們跟其他一些東西不會出現強交互作用；這「其他一些東西」我們稱之為強交互作用粒子或簡稱強子（hadron），包括質子、中子、以及當你讓質子與中子等等大力對撞之後產生出來的所有東西，都屬於強子。

所以，接下來的問題是，怎樣找出一個有系統的方法，來展示和代表所有這些粒子的特性。這是個很龐大的遊戲，我們全部人都投入其中了，這個遊戲叫「高能物理」，或一度稱為「基本粒子物理」——但沒有人能夠信服四百多種不同的組成分子全部都是「基本」的。另外的可能性，就是這四百多種東西都是由某些更加深奧的組成分子組成的，那好像是個很合理的可能性。後來的發展是，有人創造了一套理論，就是夸克理論，說其中一部分東西，比方說質子，或者是中子，是用三個稱為夸克的東西構成的。

旁白：到目前為止，沒有人看見過夸克長什麼樣子，那真是很可惜，因為它們可能就是組成所有結構更加複雜的原子和分子的基本材料，而原子、分子也就是組成這個宇宙的基本材料。「夸克」這個名稱是費曼的同事葛爾曼教授（第277頁）取的，這已經是好些年以前的事了，這個名字借自愛爾蘭小說作家喬伊斯（James Joyce, 1882-1941）的作品《芬尼根守靈夜》（*Finnegans Wake*），關鍵的句子是「給馬克大爹三夸克。」而正如費曼博士所說，巧合的是，構成中子、質子這些「宇宙粒子」的夸克，似乎正好就是三個一組。為了尋找夸克，物理學家讓帶著極高能量的質子和中子相互碰撞，希望它們在這過程中碎裂開來，分裂成各個夸克。

費曼：說對了，而其中一項令夸克理論推廣困難的原因是，很明顯，這套理論太瘋狂了，因為假如各種物體真的是用夸克造成的，那麼當我們讓兩個質子撞在一起時，有些時候理應弄出三個夸克來才對。結果是，在我們這個夸克模型當中，夸克帶著很奇特的電荷。原先，我們所知道的是任何粒子所帶的電荷都是整數的，通常是一單位正電荷或一單位負電荷或不帶電。但夸克理論主張的是，夸克帶著比方說負三分之一或正三分之二的單位電荷。而且，要是這樣的粒子真的存在，那它就很明顯，早就會讓人發現，因為那樣一來，它在雲霧室裡留下的軌跡上，會出現比較少量的泡泡。

比如說，你有一個三分之一單位電荷的粒子，那麼在它走過的路途上，會打到的原子數量就只有一個帶一單位電荷粒子的九分之一。這是按平方反比律算出來的，換句話說，你在夸克經過的路途上，看到的泡泡數量應該只有一般粒子所留下的九分之一。那是很明顯的道理：如果你看到的是一條淺淺的痕跡，一定哪裡不對勁。

然而他們找了又找，就是找不到那樣的一條軌跡，他們還沒有找到。因此，那是其中一個嚴重的問題，那很令人興奮。到底我們走對了路呢，還是說我們在黑漆麻烏的黑暗裡撞來撞去，但其實離正確答案還很遠？又也許他們已經很靠近，都可以嗅到了，但就是差了那麼一點點沒做對？而也許當我們全都做對時，突然就會明白，為什麼那些實驗看起來會那麼的不同。

旁白：假如這些利用原子擊破器和雲霧室進行的高能物理實驗，真的顯示了這個世界的確是由夸克造成的，那又會怎麼樣呢？我們會碰到能確實看到夸克的一天嗎？

費曼：呃，就釐清強子、緲子等等問題而言，目前我能夠看到的是任何實實在在的應用都沒有，或者說簡直是沒有。過去，很多人都說他們看不出來某件東西能有什麼應用價值，而接著卻找到用途。許多人在那種情況之下，就會滿嘴承諾，說這件東西一定會有用處的。老實講，說什麼東西永遠不會有任何用處，很明顯是件很蠢的事。我的意思是，那個人會顯得愚笨不堪。但是我將做件蠢事，我會說，這些鬼東西永遠都不會有啥應用的機會，起碼就我看得到的部分而言。我太笨了，因此看不出會有什麼用途。

那麼，為什麼還要研究這些？因為應用並不是這世界上唯一重要的事呀，弄清楚這世界是用什麼造成的，是一件很有趣的事。正是像這樣的興趣、像這樣的好奇心，驅使人類製造出望遠鏡。找出宇宙的年齡有什麼用處呢？又或者說，在很遠很遠的距離外爆炸的似星體到底是什麼東西？我的意思是說，所有那些天文學到底有什麼用途呢？一點也沒有，但不管怎樣，那很有趣。因此，我追隨的是同樣的做法，都在發掘我們這世界，以及滿足人類的好奇心。

如果說，人類的好奇心代表了一種需求，那麼企圖滿足好奇心，在這方面而言，就是一種用途了。目前這就是我的看法。我不會發表任何承諾，說它會有任何經濟方面的實用價值。

旁白：至於對科學本身或對我們這些人，到底有什麼意義，費曼博士說他很不喜歡在這方面有什麼哲學省思。然而，這並沒有妨礙他提出很多有趣而且發人深省的想法，例如他相信科學是什麼和科學不是什麼的想法。

費曼：噢，我會說，打從一開始到現在，科學的宗旨都一直沒改變過，都是在尋求了解某些事物，都是基於以下的原理：「大自然發生什麼都是真的，而且大自然才是任何科學理論正確與否的裁判」。如果李森科（注四）說，當你把五百代的老鼠的尾巴切掉之後，再下一代新誕生的老鼠將不會長尾巴。（我不知道李森科有沒有講過這種話，那麼我假定是瓊斯先生說了那樣的話好了。）要是你進行了實驗而證明這句話不靈驗，我們就知道這種說法不正確。這個原理，即透過實驗或經驗而把正確的知識從不正確的知識裡分離出來，那麼這個原理以及因此而成形、符合這個原理的知識體系，就是科學。

除了進行實驗之外，我們也極其大量的為科學引進了另一種人類智慧的嘗試：推廣（generalization）。所以，科學不單只是蒐集了一堆剛巧在實驗中都正確的東西而已，不單只是蒐集一大堆「當你切掉老鼠尾巴時會發生的狀況」而已；如果是那樣，我們的腦袋也裝不下那麼多資訊。我們已經找到了太多可以推廣的案例了。舉個例子，如果某件事對老鼠和貓而言，是真確無訛，我們就說這對於哺乳動物也是正確的；接著要是我們發現這也適用於其他動物的情況，又發現在植物界也成立的話，最後它在某種程度上就成了生命的一種特質，但這並不是後天獲得的特質。

不過，能推廣並不代表真正正確、絕對的正確。因為後來我們又發現，其他實驗顯示，細胞可以透過粒線體或什麼東西將資訊傳來傳去，生物一邊活下去，一邊也在發生改變。但話說回來，所有的原理都必須儘可能的廣泛適用，而且與實驗結果吻合，而這才是真正的挑戰。

你們看，從經驗中萃取事實這件事情，聽起來非常、非常的簡單，你只不過先試一試，再看結果罷了。可是人類是很脆弱的傢伙，最後會發現，這件事情比原先想像中的「先嘗試再看結果」困難許多。例如說，談談教育吧。某個傢伙跑來，看到大家教數學的方式，而他說：「我有個更好的主意。我要造一個玩具電腦，用來教學生數學。」於是他找了一群小孩來嘗試，他沒找到很多小孩，也許人家讓他在某一班級裡嘗試他的方法，他歡喜得不得了，十分興奮。他完全明白自己在做什麼，孩子們也知道這是新東西，因此很興奮。他們學得十分好，學會了一般的算術，比其他的小孩學得都好。那麼你設計一些考題；因為他們學的是算術，所以你可用考試成績來驗證教學成果。然後這件事被記錄為一件事實，就是說，算術的教學可以用這個方法來改進。

但其實這並不是事實，因為這個實驗的其中一個條件，是由那個發明這套方法的人來負起教導之責。然而你真正想知道的是，如果單單把這個教學方法寫在書裡，描述給一位平凡的老師看（你必須找些平凡、一般的老師；世界各地都有老師，一定會有很多很一般的老師），讓他們拿到這本書之後，試著用這套方法，然後問：結果有沒有比較好呢？換句話說，實際發生的事情是，你得到各式各樣關於教育、關於社會學、甚至心

注四：李森科（Trofim D. Lysenko, 1898-1976），蘇聯農業學家政客，不相信基因遺傳學說，主張後天獲得的性狀可以遺傳，所以農作物今年經歷過低溫促進開花的春化作用後，來年就不需要春化也能開花。他的這種謬論被史達林正式批准為與馬列主義同等級的真理，影響了蘇聯的農業策略，導致糧產不繼。李森科從一九四八年起主導生物教科書的編寫，凡是支持達爾文演化論的蘇聯科學家都被批鬥為資產階級遺傳學家，遭到整肅。李森科雖然在一九六五年垮台，但已造成蘇聯遺傳學領域十數年一片空白。最後也影響到當時蘇聯總書記赫魯雪夫於一九五八年到一九六五年期間在共產黨內的政權。

理學的事實，各式各樣的事實——我會說，全都是偽科學而已。他們弄出了一些據他們說是很小心謹慎取得的統計數字，事實上，他們卻做了些沒有嚴謹控管的實驗。那些實驗結果在受控管的實驗中都無法重複進行，而他們卻報告一大堆這種東西。

由於科學，經過嚴謹、小心進行的科學，現在是成功了，這些搞教育的人便以為做一些形式相似的東西，就可以得到榮譽。

我想到一個例子，在所羅門群島，正如很多人所知，當地的土著在二次世界大戰期間看到飛機降落，載來很多好東西給士兵，他們壓根兒不曉得飛機是什麼東西。而現在他們之間出現了飛機教派。他們蓋了些土製跑道，沿著跑道兩旁升起了火，模仿引導飛機降落的訊號燈。這可憐的土著坐在也是自製的木頭箱子裡，帶著木造耳機，上面插了一根代表天線的竹桿，頭左轉右轉，還用木頭造了些雷達罩等等各種勞什子，希望能把飛機吸引過來，把好東西送給他們。他們都在模仿別人外在的行為而已。

我跟你說，今天在很多很多領域中，一大堆活動都屬於這種偽科學。就像飛航是一種科學，但像所謂的教育科學呢，就根本不是什麼科學。苦勞倒是一大堆，雕刻那些木頭飛機及其他東西要花很多工夫的，但那並不表示他們真的找到了什麼東西。刑罰學、獄政改革，都是為了要了解為什麼人們要犯罪；你看看這個世界，我們是愈來愈明白這些東西了，愈來愈了解教育、愈來愈了解犯罪。但是學生考試的分數卻愈來愈低，而監獄裡卻愈來愈人滿為患；年輕人在犯罪，我們就是不明白究竟發生了什麼事。這根本就行不通嘛，像他們現在這樣，以模仿科學的方法來找出事實真相，是行不通的。

不過，話又得說回來，如果我們真懂得該怎麼進行研究的話，到底科學方法在這些事情裡行不行得通，我也不知道。我們在這方面是特別的薄弱。也許還有其他的方法，例如說，聽聽在這一行中經驗豐富的人，看看他們有什麼想法，也許就是個好點子。只有當你已經找到另一個獨立的資訊來源，已經決定好要依循這來源的想法去做，那麼才不需要理會過去的經驗。要是你打算不理會那些已經研究這些事情很久、想了很多，但用不科學的方法達成結論的人可能提供的智慧，你更加必須看清楚你要依循的是誰。今天，他們有可能跟你同樣都是正確的，也許大家同樣很不科學的達成了結論。

怎麼樣？做為哲學家，我還可以吧！

旁白：「科學的未來」是個訪談諾貝爾獎得主的節目。在今天這集裡，你聽到的是加州理工學院的理查・費曼博士的訪談・本節目由美國科學促進協會贊助製作。

# 第十三章

# 科學與宗教的關係

## ——對於文明砥柱的主張

在某種臆想實驗（thought experiment）裡，
費曼想像出一場包容不同觀點的研討會，
以展現出科學家與唯心論者（spiritualist）各自的思路，
來討論科學與宗教之間的異同。

可見費曼在二十年前就已經預見到了，
當今人們在找尋真理的兩個基本方法之間，所展開的激烈辯論，
涉及的諸多問題之一是費曼想知道，
無神論者能否根據僅只科學的教誨，獲致道德上的約束，
就好像唯心論者能夠從信仰上帝出發，而使得行為有了準則一樣。

即使一向觀念非常清楚的費曼，
此議題也讓他覺得相當傷腦筋。

# 開場白

在現在這個專業時代裡，許多人專精一門學問之後，即難得顧及其他，對本行之外的一切幾乎毫無概念。由於這項原因，愈來愈少人能夠像過去一樣，公開討論人類不同活動領域之間的關係問題。每當我們讀到歷史上許多這方面的偉大辯論時，就不能不心生羨慕，而感嘆時不我與，未嘗能身歷其境，去感受那種據理力爭時的興奮之情。一些老問題，諸如科學與宗教的關係，至今仍然受到人們關切，而且依舊是個沒有定論的難題。但如今在公開場合中，已很少有人討論，這都是受到專業化限制的影響。

不過，我對這個問題發生興趣由來已久，希望今天就此機會探討一番。由於我對宗教的知識與了解，顯然非常貧乏(待會兒一進入討論，你就會發現我這可不是客套)，我將把討論方式刻意安排成這樣：假設這不是我一個人在做獨白，而是一群人在開小組會議，一起商討這個問題。這群人都是各個領域中的專家學者，代表科學中的各學門、以及各宗教中的門派等等。然後就像一般小組辯論會，每個小組專家可從問題的不同角度發言，先闡明他的看法，爾後在討論中再作修正跟補充。另外，會議發言的次序以抽籤決定，而我正好抽得第一號，成為第一位發言人。

以下就是我的發言。

## 保持謙虛之心

我首先要向小組成員提出的問題是：有個年輕人，在一個宗教色彩很濃的家庭裡長大，念了一門科學，因而對他父親信奉的神變得有些懷疑，後來也許甚至拋棄了從小被灌輸的信仰，而成為一個無神論者。我想大家都知道，這樣的情形不是單一事件，而是經常發生在我們周遭熟識的人身上。雖然尚缺乏這方面的統計資料，我相信有許許多多科學家，事實上，我認為所有科學家中超過半數，都已不復相信他們的父執輩所虔誠相信的神明。若以傳統的標準來衡量，他們不相信神明。

而我們也知道，信仰或相信神明是宗教最重要的中心思想，宗教若是捨棄了信仰，就不成宗教了。這個我選擇的實際例子，非常清楚的指出了科學跟宗教之間的關係和問題。為什麼這位年輕人會變成不信仰神了呢？

第一個我們可能聽到的答覆非常簡單：你瞧！這孩子準是被人教壞了。學校裡的老師全是科學家，而他們（就像我剛才提及的事實）骨子裡全是清一色的無神論者。所謂近朱者赤，邪念很自然的傳播開來，這孩子就這麼被汙染啦！

但是如果你真有這樣子的想法跟看法，那麼你對科學的了解，比起我對宗教相當有限的認識來，還要更膚淺跟幼稚得多。

另一個答覆說：這是給點顏色就開染坊，一知半解壞的事！這位年輕人在學校裡學到一點皮毛知識之後，就自以為什麼都懂了。別擔心！只要過幾年等他年紀稍大，漸漸脫離了那段半瓶醋、勉強裝懂的時期，就會變得比較虛心，而認識到這個世界遠比他先前想像的複雜，於是他會重新覺悟，認識到這世界上不可以沒有神明。

對這第二個答覆我很懷疑，我不認為這位年輕人成長之後，一定會再度改變他的理念。因為我們周遭有太多的科學家，至少他們自己認為年齡已經夠大，思想夠成熟，卻仍然繼續不相信神。事實上，詳細原因我待會兒再說，這第二個答覆者的認知跟事實不同的，還有年輕人不但不自認為無所不知，相反的，他們認為自己什麼都不懂。

第三個我們可能得到的答覆是：這位年輕人沒有正確了解科學，否則他就不會放棄對神的信仰。我不相信科學能夠證明，神明的存在是對還是錯，我認為那是一件不可能的事情。既然它不可能，那麼人對科學的信心，與他對一般宗教所供奉神明的信仰，就不應該會發生牴觸了，對嗎？

事實上的確是如此，這兩種信念本身並不牴觸。雖然像我先前所說，有一半以上的科學家不信神，但仍然有很多科學家在一種毫無衝突的狀況下，既相信科學，也信奉神明。但是這樣左右逢源、融會貫通，雖然有其可能，卻不是很容易達成的。我想就此分開討論其中的兩件事：為什麼這種一致性不容易達成，以及這樣的修為是否值得我們想辦法去達成。

我所說到的「信神」這個詞，本身就是一個謎，包含著「什麼是神？」的問題在裡面。當然此處所說的是指擬人化的神，原則上是由西方宗教供奉的那種，也就是一般人口中的「上帝」，信徒們向祂膜拜祈禱。而祂被認為跟創造宇宙中的一切以及勸導人心向善兩件事，有著不可分的直接關係。

話說我前面提到的那個學生，在他學習科學的時期裡，若是試圖要把科學跟宗教硬是焊接起來的話，他會遇到兩方面的困難。第一，他會發現，科學上講究要求懷疑，若是要科學進步，懷疑不可或缺，且覺得一切都不確定，本來就是人類最基本的內在天性。正所謂「謙受益」，要擴充知識，我們必須保持謙虛的心態，承認自己有所不知。我們抱持的態度應該是，世事沒有一樣是絕對肯定的，或是已經證實為毫無疑慮的。我們之所以從事研究，只是為了好奇，是因為我們對它尚不了解，而不是因為我們已經知道答案。我們在各門科學裡蒐集資訊，目的並不是要找出來獨一無二的真理。我們是要比較所有可能的答案中，哪一個的可能性比較大或小些。

也就是說，如果做進一步觀察，我們發現科學上的所有聲明報導，並不作興用二分法來判定絕對的對與錯，而是說明一件事情究竟有多大的確定性，例子有：「某某是對的機率比它是錯的機率要大得多。」或是說：「剛才提到的幾乎可以確定，但我們仍然還有一絲絲疑慮。」或者為了表示另一個極端，有人不願意傷感情：「那個嗎？我們實在不知道耶！」科學上的一切概念，大都應該是散布在這兩個極端之間，而不是在其中一個上頭，說它是絕對錯誤或是絕對正確。

我相信我們必須接受此項觀念，科學上如此，人生的其他方面也是一樣。因為承認有所不知，只會為我們帶來極大的好處，而且事實指出，在人生旅途上的種種決定，我們不可能知道所做的一定是對抑或是錯，我們往往只是認為那是可能做到的最佳選擇，而那正是我們應有的態度跟做法。

## 不確定的態度

我認為當我們知道自己真的是生息在不確定之中，就應該承認並面對這個事實。其實了解到我們不知道各種不同問題的答案，對我們只會有非常大的好處。這樣的心態，也就是抱持不確定的態度，是科學家成功的關鍵。因而學習科學的學生，入門的第一件事就是務必要養成此一心態，習以為常，才能冀望爾後從事科學有成。不過這種心態一旦養成，要甩脫可就不太可能了。

所以我們所說的那位年輕人，在受到科學啟蒙訓練之後，很自然的開始對世間一切事物感到懷疑。因為根據科學法則，他不可能認定世事之中，有任何一件是絕對的真理。因而他問問題的方式也做了少許調整，原來的「有沒有上帝？」變成了「有上帝這個說法究竟有多牢靠？」這麼一點兒細微的變化，就實效來說還真不含糊呢！它代表科學跟宗教就此分道揚鑣。

我本人實在無法相信，一位真正的科學家，會回頭去恢復他以前對神的信仰。雖然確實有科學家信神，但我不認為他們對神的認知，會跟其他信教人士的看法相同。如果他們認為信神跟他們的科學不牴觸的話，我想他們告訴自己的說詞應該是像：「我幾乎可以完全確定上帝的存在，此間的疑問空間對我來說非常小。」這跟另外一個普通說詞：「我知道上帝存在。」可是有著天壤之別。

我不相信任何真正的科學家，能夠採取後面那句說詞所代表的看法。後面那句話才是宗教所要求的認知，認為他們的確知道上帝存在。信教人士所特別具有的，就是對一切事物完全確定的態度。

當然，這段改持懷疑態度的過程，並不見得總是拿攻擊上帝存不存在的問題當作開端。通常最先受到質疑的，多是教義中比較不那麼敏感的部分，譬如死後的問題啦，或是教條上的一些芝麻小事，譬如耶穌基督生平故事等等。不過我個人認為最有趣的還是抓蛇捉七寸，既要質疑就應該直攻要害，直搗問題的中心，去討論最具爭議的基本觀點，也就是上帝是否存在的問題。

一旦這個問題被人從絕對的地位請了下來，而改放到一根測量不確定性的滑動比例尺上，測量到的結果便因人而異，且往往大不相同。固然有許多科學家他們幾乎確信上帝存在，但是相反的情形也同樣屢見不鮮，也就是在經過仔細研判他父親的上帝理論之後，這名年輕人會發現那項理論幾乎可以確定是錯誤的。

## 道德無關宗教

接下來是，學科學的學生要焊接科學與宗教會遇到的第二個難題：為什麼信上帝這件事，或至少信奉宗教形式的神明，最後老是被人認為非常不合道理，非常不像真的？我認為此問題的關鍵，必定跟學習到的科學知識，包括具體事實或是部分事實，相當有關聯。

譬如說，看看我們的生活空間吧，宇宙之大真是教人驚奇讚嘆。比起整個已知宇宙來，我們居住的地球真是如滄海之一粟。事實上它只是圍繞著太陽公轉，一顆不起眼的塵埃而已。而單是我們所在的銀河系裡面，就有一千億顆與我們太陽相彷彿的恆星，而銀河系不過是我們看得見的十億個星系之一。

另一方面，身為生物中一支的人類，有著跟所有動物非常靠近的關係，這種關係並且普遍存在於一切具有生命的形體之間。在一齣牽涉極廣、且仍在演出的演化戲劇中，人類的出場順序顯然非常晚近。以蓋房子做比方，難道人以外的無數種生物，億萬年以來在地球上生存繁衍，目的僅僅是做為「人」這座大廈建築好之前，在四周搭建起來的臨時鷹架嗎？

再舉一例，似乎天地之間的一切，都是由同樣的原子，依照亙古不易的同樣定律建造組合起來的。沒有一件東西例外，天外群星是原子構成，所有動物也是，只不過它們的複雜程度到了不可思議的地步，就如同我們人類一樣。

面對人以外的宇宙是個非常奇妙的經驗，想想這一切背後的意義，它那幾近於永恆的悠久歷史，無際無涯的空間，所謂大千世界中，絕大部分跟「人」實在扯不上關係。

在建立起客觀的宇宙觀，並了解到物質的奧妙與莊嚴後，我們再回過頭來客觀看看人跟生命：人不過是一個物種，而生命是宇宙奧祕極致的一部分，我們會感覺到一種新奇的豁然。通常的結果是使得我們開懷大笑，欣喜於求知帶給我們這麼多的無用想法。這些科學見解的極致不外是使人敬畏跟不可測，且消失於不確定的邊緣。但是在我們已知的範圍內，它們看起來是如此印象深刻，使人覺得宗教理論所說，一切是上帝為了觀察人們在善惡之間做抉擇而特別安排的表演場景，似乎有些牽強，或缺少了點什麼。

所以我們就此假設，這就是我們前面所說的那位年輕學生，之所以拋棄他原有信仰的緣故，而且隨著他逐漸建立起來的科學信念，他轉而漸漸相信，向上帝祈禱而受到眷顧的機會，應該非常非常渺茫。（你瞧！我完全不是在試圖否定上帝的存在，我只是在試圖提供大家一點觀念，也許外帶一些同情心，用來解釋為什麼許多信徒，到頭來認為祈禱實在毫無意義。）

當然，這種自發的疑慮會使得他的懷疑模式轉移到道德問題上，因為以前宗教告訴他，道德標準是依據上帝的旨意訂定的。那麼如果這位上帝根本不存在，祂的旨意又打哪兒來呢？但是我認為非常叫人意外的是，無論過程有所不同，多數的道德問題到頭來卻恢復原貌。在信仰轉變初期，他可能認為宗教道德標準裡面，某些細枝末節是多餘或錯誤的，但是時日一久，他通常會回心轉意，再重新修正他的道德標準。結果是無論信不信宗教，人類的道德標準基本上沒有區別。

所以看起來似乎這些跟道德有關的觀念，本身就相當獨立，並不像宗教人士揭櫫、強調的那樣，說一個人捨卻宗教信仰之後，即無道德可言。我們經過實際觀察得到的結論是：懷疑耶穌基督的神性，而仍舊能夠堅持諸如「己所不欲，勿施於人」等道德信念，是絕對可能的；也就是說，這兩個信念大可同時存在而毫不衝突。

另一點我要再次強調：你會發現我那些不信上帝的科學家同事，絕大多數是社會上循規蹈矩、道德崇高的人士。

## 民主才合乎科學

順便我想提出一件事情，那就是「無神論」經常被人拿來跟「共產主義」相提並論，甚至還有人有意無意的在兩者之間劃上等號。

前面我談到，凡經過科學洗禮的人，很有可能會變成無神論者，所以科學和無神論即使不能說它們相等，但至少不相衝突。而共產信徒的觀點跟科學觀點全然不同，因為基本上它是反科學原則的。依照共產主義教條，政治問題也好，道德問題也罷，黨都備有現成的標準答案，沒有商量的餘地，更不許懷疑。科學觀點則正好相反，一切問題必須先打上問號，由人問問題，任人討論，必須經過徹頭徹尾辯論，觀察細節並逐一檢驗它們，一發現任何錯誤，即刻修正。說民主政府比較接近科學觀念，原因在此。

凡事須經過懷疑討論，而後才有改善的機會，就像船舶不能固定只朝一個方向開駛，而是需要裝上舵，以便隨時更改航向一樣。如果你的思想傾向於霸道武斷，那就好像一艘沒有舵的船。不錯，一開始你似乎清楚知道方向，行動既快又果決，但是航行中一遇風浪，船的方向有了偏差，就會因為缺少舵而無人能改正方向。所以我認為在民主制度下，人民生活上可能充滿種種折衝麻煩和不確定，其實那才合乎科學的精神與原則，才能企盼未來有長足的進展。

雖然科學的進步對許多宗教觀造成了一些衝擊，但對宗教的道德內涵卻始終沒有什麼重大影響。宗教相當複雜，可區分為許多方面，用以回答各式各樣的問題。首先它要回答的是有關事物本質的問題，它們打從哪兒來？人究竟是啥？上帝又是啥？讓我們把這個部分的宗教內涵，叫做宗教的「形而上面向」（metaphysical aspect）。

宗教也告訴我們一些其他東西，譬如怎樣為人處事。雖然它包括許多繁文縟節、各種儀式規矩，以及宗教活動中的禮儀動作，但那些對我不重要，不是我認為的重點。我注重的倒是宗教教導人們在日常生活中，對人對事應該恪守的行為準繩。它回答各種德行上的問題，並制定了一整套道德律給人們依據遵循。這部分的宗教內涵，我們稱之為宗教的「倫理面向」（ethical aspect）。

接下來的是，我們知道即使有了道德準繩，人性仍然非常懦弱，因而許多人經常會抵抗不了誘惑而觸犯道德律。為了避免這樣人我皆不願見到的後果，必須有人不斷耳提面命，重複強調道德價值觀，讓人們時時刻刻受到良心的約束，以免誤入歧途。這可不是單單只要具有是非觀念，就可以保證做到的事，更重要也是更難做到的，是維持堅定不移的意志毅力，去實踐心中認為是對的事情。在這個節骨眼上，許多人必須依賴宗教不斷提供力量、安撫、以及鼓舞，才能在所謂的戒慎恐懼之下，被動遵守這些道德律。這就是宗教內涵中的「感化面向」（inspirational aspect）。

而且，宗教不只在人們的道德行為上具有感化功效，它同樣激勵各種藝術人文創作，以及偉大的思想與事功成就。

## 宗教的三面向相互維繫

以上所述的宗教三面向，其實是彼此密切相互維繫的，而正由於它們緊密的攪和在一塊，使得人們誤以為它們是牢不可分的一個整體，只要其中任何一部分受到批判攻訐，就被認為是對整個系統結構的不尊重跟汙蔑。

我們先釐清一下這三個面向的相互關係，概述如下：倫理面向，內容是道德規範，但此規範據稱來自於上帝的親自表白，當然一涉及捉摸不到的上帝，就把我們扯到形而上面向。而感化面向之所以存在，據了解是建築在要求人對上帝意志順從。理論上，人應該完全為上帝而活，而且人要覺得他有一部分與上帝同在。這後者本身就是一個非常偉大的感召力量，因為如此一來，無形中把個人的平凡有限行為，一下子提升到跟整個宇宙有了直接關係。

所以宗教的這三種面向，一直是很巧妙的拉扯在一起。然而問題出在，科學知識有時會跟其中的第一面向，也就是形而上面向的觀點發生衝突。例如歷史上曾發生關於地球是否是宇宙中心的問題，也就是地動說和天動說的辯論。本該是訴諸理性的客觀剖析，結果釀成非理性的可怕爭吵，外帶主觀的人身攻擊。幸好不久教廷方面算是禮讓了一步，沒有再讓那辯論繼續惡化，事情暫獲解決。前不久，另一件類似的意識衝突又上了檯面，這回的問題是：人是否與動物有相同的祖先。

以往許多類似的衝突，最後都是經由宗教方面的形而上觀點讓步，才擺平結束。然而要緊的是，宗教並未因為承認了那些錯誤而崩潰。更重要的是，除了那些形而上觀點受到衝擊外，宗教的倫理面向則似乎完全沒有因為科學的突飛猛進，而產生任何本質上的改變。

事實上，不管是誰說過什麼，地球一直都是繞著太陽在轉。但是我們可以預見得到，後續問題還是會繼續蹦出來。例如耶穌教導信徒，被打了右臉之後，應該把左臉也湊上去讓人再打。有人就不以為然。被打之後把另一邊臉也湊上去，究竟划算不划算？甚至地球靜止不動與繞著太陽轉，到底有什麼不同的影響？這些意識型態上的不一致，將來都會再度導致雙方衝突。再說，科學還在發展，新東西會繼續出現，當然不會跟某些宗教現階段的形而上理論相合。

另外，即使以往宗教已經陸續做了非常多的讓步跟調查，但是由於這些改革都是零零碎碎、頭痛醫頭、腳痛醫腳的不得已急就章，其間不可能來一個深思熟慮過的整體規畫，以致理論演變到後來，雖說尚未到達分崩離析的地步，但前後矛盾、結構整合不扎實，確是不爭的事實。所以性情稍微謹慎一些的人，學習了科學精神及方法之後，再一聽到現在的宗教內容，就會覺得實在格格不入，難以認同。妙的是，宗教的道德律沒有受到任何這樣子的影響。

事實上，屬於形而上範圍的觀點衝突還是雙重性質的。首先，雙方對事實的認知有差距，觀點上發生衝突自在意料之中。甚至雙方對事實的認知不相違時，卻卡在基本態度不同，也照樣會產生衝突。科學基於它一貫不確定的精神，因此看待那些形而上問題的態度，跟宗教所要求的確信不疑的態度，有著天壤之別。如此分析下來，只要屬於宗教形而上面向的問題，事實和精神表裡兩方面，都免不了會繼續跟科學起衝突。

依我之見，即使宗教有意委曲求全，也不可以杜撰出一套形而上的觀念，保證永遠不會跟一直在進步、一直在改變的科學發生衝突。因為將來科學會發展成什麼樣子，沒有人知道。我們也同樣對此無能為力，誰都不能確保現在科學提供的答案將來永遠不會翻案。問題的根本，是在科學跟宗教要用不同的方式，解釋同一領域的問題，那不發生衝突才奇怪！

## 科學與各種道德問題

但是另一方面，我不相信宗教的倫理面向，會真的跟科學發生衝突，原因是道德問題是在科學領域之外。

現在讓我舉出三、四個理由，來說明為什麼我會這樣想。首先，過去科學及宗教的形而上面向之間，由於觀點相左，發生過許多嚴重衝突。雖然如此，舊有的道德觀非但沒有破產，連少許改動都屬絕無僅有。

第二，世界上多的是行為合乎基督徒道德標準，卻不相信耶穌基督具有神格的好人。這些人完全不覺得，他們的行為跟信仰之間有任何牴觸跟不一致。

第三，雖然隔不多久，就陸續會有一些科學證據讓人發現，這些證據可以用來解釋一部分的宗教形而上觀念，諸如耶穌基督生前某些「神蹟」等等。但是我發現，從沒有科學證據會跟基督教的「金律」（注一）扯得上關係，所以看來道德律實自成一格，與形而上觀念不同。

現在，再讓我試著從哲學角度解釋為何不同，也就是為什麼科學不能影響道德的根基。

一般典型的人生問題，也就是宗教苦心孤詣積極於提供答案的問題，總跳不出以下這個形式：我應該這麼做嗎？我們該做這件事嗎？政府應該這麼做嗎？等等之類。為了回答這樣的問題，我們可以把問題分成前後兩個部分。頭一個部分是：如果我照這樣做了，會發生什麼事情呢？而接下來的部分則是，那會發生的事情是我所要的嗎？它對我有什麼價值或好處？

這兒的第一部分問題，即「如果我這麼做，什麼事會發生？」是一個不折不扣的科學問題。事實上，科學可以定義為：專門用來試圖回答「如果我這麼做，什麼會發生？」這類問題的一種方法，以及經由此種方法所獲致的一切資訊或知識。此方法的基本技術無他，就是實驗：實地履行，然後看結果。於是我們經由實驗逐漸累積一大堆知識。所有的科學家都會同意，任何一個問題，譬如哲學性質的或其他方面的問題，若不能用實驗來測試的話，或不能簡單寫成「如果我這麼做，什麼會發生？」這樣形式的問句的話，就不是一個科學問題，它就是超越了科學，不在科學的領域內。

而整個問題的第二部分「我應該這麼做嗎？」裡面，包含了我們是否願意看到預期的結果發生，發生的結果有什麼價值，以及我們如何來判斷該結果的價值。我認為這個

注一：「金律」（golden rule）源出基督教聖經《新約》馬太福音 7：12及路加福音 6：31，「你們願意人怎樣待你們，你們也要怎樣待人。」

部分一定是自外於科學，原因是即使知道什麼事會發生，我們仍然不能馬上直接回答這部分的問題，中間還須經過一番道德上的判斷。所以我以為，由於有這一層理論上的不相隸屬關係，道德觀點，也就是宗教的倫理面向，在科技日新月異下，仍然會一直維持著原樣，完全不會跟新的科學知識發生衝突。

現在我們來瞧瞧宗教的第三面向，也就是宗教的感化面向。這兒我有一個重要問題，要提出來給想像中的研討會小組參考。我們知道當今任何宗教感化眾生、給我們力量與安撫的泉源（也就是所用的策略跟手段），都是跟宗教的形而上面向（也就是神話部分）緊密交織在一起的。換言之，感化必須借助於充當上帝的僕人、服從上帝的旨意、覺得跟上帝同在等等意識。不過這種靠著信徒一廂情願，才得以和道德律之間建立起來的感情連繫，一旦信徒心中上帝的存在出了問題，即使信心僅只一絲動搖，都會造成非常巨大的影響，感情上與道德的連繫力量馬上會大幅降低。所以宗教骨子裡實在是無法容忍懷疑跟不確定的，因為懷疑必然使得宗教失去對眾生的感化力量。

我實在不知道這個重要問題的答案，也就是如何在不要求信徒全盤相信形而上的神話條件下，還能保持住宗教真正的寶貴價值，即提供大部分人道德力量跟勇氣。

## 西方文明的兩大支柱

我覺得西方文明具有兩項偉大傳統，做為它的支柱，其中之一是科學的冒險精神，向任何未知挑戰。為了名正言順進行勘探，先決條件是必須坦承不知為不知。而在沒有找到比較確切的答案之前，不作興武斷瞎掰，你必須永遠保持認定一切不確定的態度。總結一句：即智者的謙虛。

另一項偉大傳統則是基督教的道德標準，這包括處處以愛當作行為的根本，四海之內皆兄弟的平等觀念，以及對個人人格價值的尊重。簡言之：即精神面的謙虛。

這兩項傳統都非常合理，而且完全不相矛盾。但是就如我們前面提過的，明白是非跟行為上從善去惡是兩回事，這兒的合理性倒在其次，要圖發揚光大、貫徹始終，最重要的還是人心必須念茲在茲。在人性受到挫折、感到猶疑而需要安慰、鼓勵的時刻，依傳統是應該回去仰賴宗教，也就是西方人所謂的回到上帝身邊。

但如今，人們該怎麼辦呢？現代的教會是否能不咎既往，包容與安撫對上帝懷疑、甚至不信上帝的人呢？現代教育是否會寬容甚至鼓勵這種持懷疑態度的價值呢？截至目前為止，我們尚有幸未遇到這兩根支柱之間，發生價值上的嚴重衝突，而人們確實有需要從外在獲得安撫及鼓勵，來維護任何一根支柱的屹立不搖。但這樣的衝突終將不免嗎？那麼我們又能如何得到精神啟示，來繼續支持西方文明的兩大支柱，讓它們各自充滿元氣，發揮最大功效，而永不互相侵犯傾軋呢？這不就是我們這個時代所面臨的最主要考驗嗎？

我特地把這個問題提出來給研討小組討論。

# 資料來源

本書第一章〈發現事理的樂趣〉是根據英國廣播公司第二頻道（BBC2）播放的一個取名為「地平：發現事理的樂趣」電視節目錄音帶編輯而成的，內容是費曼教授接受英國廣播公司一次專訪談話。該專訪談話內容之得以用文字形式再現於本書中，係獲得該節目原製作人希克斯（Christopher Syckes）、卡爾・費曼以及蜜雪兒・費曼的許可。

第二章〈未來的電腦〉原發表於一九八五年，為費曼教授在仁科芳雄教授紀念會上所做的演講。我們此次轉載係得到西島和彥（Kazuhiko Nishijima）教授代表仁科芳雄教授紀念基金會首肯，惠予做為本書其中一章。

第三章〈仰看羅沙拉摩斯〉最早係由加州理工學院出版的《工程與科學》雜誌刊載。此處轉載已獲得許可。

第四章〈科學文化在現今社會扮演的角色〉之轉載許可，得自義大利物理學會

（Societa Italiana di Fisica）。

第五章〈這下面空間還大得很呢！〉這篇演講紀錄最早刊載在加州理工學院出版的《工程與科學》雜誌一九六〇年二月號，著作權屬於該雜誌所有。本書收錄此篇時，已獲得該雜誌之許可。

第六章〈科學的價值〉是摘自《你管別人怎麼想？》一書，該書由費曼教授口述，雷頓（Ralph Leighton）筆錄撰寫。一九八八年出版，版權屬於費曼的第三任妻子溫妮絲與雷頓兩人。本書轉載許可得自諾頓出版公司（W. W. Norton & Company, Inc.）

第八章〈科學是什麼？〉獲得許可，轉載自《物理教師》期刊第九卷第三一三頁至三二〇頁，一九六九年出版，著作權屬美國物理教師協會。

第九章〈世界上最聰明的人〉獲得許可轉載自《全知》雜誌。一九九二年出版，版權屬全知國際出版社（Omni Publications International, Ltd.）。

第十章〈草包族科學〉最先由加州理工學院出版的《工程與科學》雜誌刊載。此處轉載已獲得許可。

第十一章〈就像數一、二、三那麼簡單〉是摘自《你管別人怎麼想？》一書，該書由費曼教授口述，雷頓筆錄。一九八八年出版，版權屬溫妮絲・費曼與雷頓兩人。轉載許可得自諾頓出版公司。

第十三章〈科學與宗教的關係〉最先由加州理工學院出版的《工程與科學》雜誌刊載。此處轉載已獲得許可。

科學文化 205A

# 費曼的主張

誠實・獨立思考・不知為不知

The Pleasure of Finding Things Out: The Best Short Works of Richard P. Feynman

原　　者 — 費曼（Richard P. Feynman）
譯　　者 — 吳程遠、師明睿、尹萍、王碧
科學叢書顧問 — 林和（總策畫）、牟中原、李國偉、周成功

總 編 輯 — 吳佩穎
編輯顧問 — 林榮崧
責任編輯 — 林榮崧；吳育燐
封面設計 — 江儀玲
版型設計 — 陳益郎

出 版 者 — 遠見天下文化出版股份有限公司
創 辦 人 — 高希均、王力行
遠見・天下文化 事業群董事長 — 高希均
事業群發行人／CEO — 王力行
天下文化社長 — 林天來
天下文化總經理 — 林芳燕
國際事務開發部兼版權中心總監 — 潘欣
法律顧問 — 理律法律事務所陳長文律師　　著作權顧問 — 魏啟翔律師
社　　址 — 台北市 104 松江路 93 巷 1 號 2 樓
讀者服務專線 — 02-2662-0012　　傳真 — 02-2662-0007；02-2662-0009
電子信箱 — cwpc@cwgv.com.tw
直接郵撥帳號 — 1326703-6 號　遠見天下文化出版股份有限公司

電腦排版 — 辰皓國際出版製作有限公司
製 版 廠 — 東豪印刷事業有限公司
印 刷 廠 — 中原造像股份有限公司
裝 訂 廠 — 中原造像股份有限公司
登 記 證 — 局版台業字第 2517 號
總 經 銷 — 大和書報圖書股份有限公司　　電話 — 02-8990-2588
出版日期 — 2021 年 4 月 27 日第三版第 1 次印行
　　　　　2022 年 11 月 18 日第三版第 2 次印行

國家圖書館出版品預行（CIP）資料

費曼的主張／費曼（Richard P. Feynman）著；
　吳程遠、師明睿、尹萍、王碧譯.
　-- 第三版. -- 臺北市：遠見天下文化出版股份
　有限公司，2021.4
　面；　公分. --（科學文化；205A）
　譯自：The Pleasure of Finding Things Out:
　The Best Short Works of Richard P. Feynman
　ISBN 978-986-525-135-2（平裝）

　1. 科學

300　　110005122



定 價 — NT450 元
ISBN — 978-986-525-135-2（英文版 ISBN：0-7382-0108-1）
書 號 — BCS205A

天下文化官網 — bookzone.cwgv.com.tw